ル化」する人間社会

寿一

知のトレッキング叢書
集英社インターナショナル

「サル化」する人間社会

目次

編集協力　濱野ちひろ
キャラクター（トレックくま）イラスト　フジモトマサル
カバーイラスト　唐仁原教久
装丁・デザイン　立花久人・福永圭子（デザイントリム）

ゴリラの主な調査地

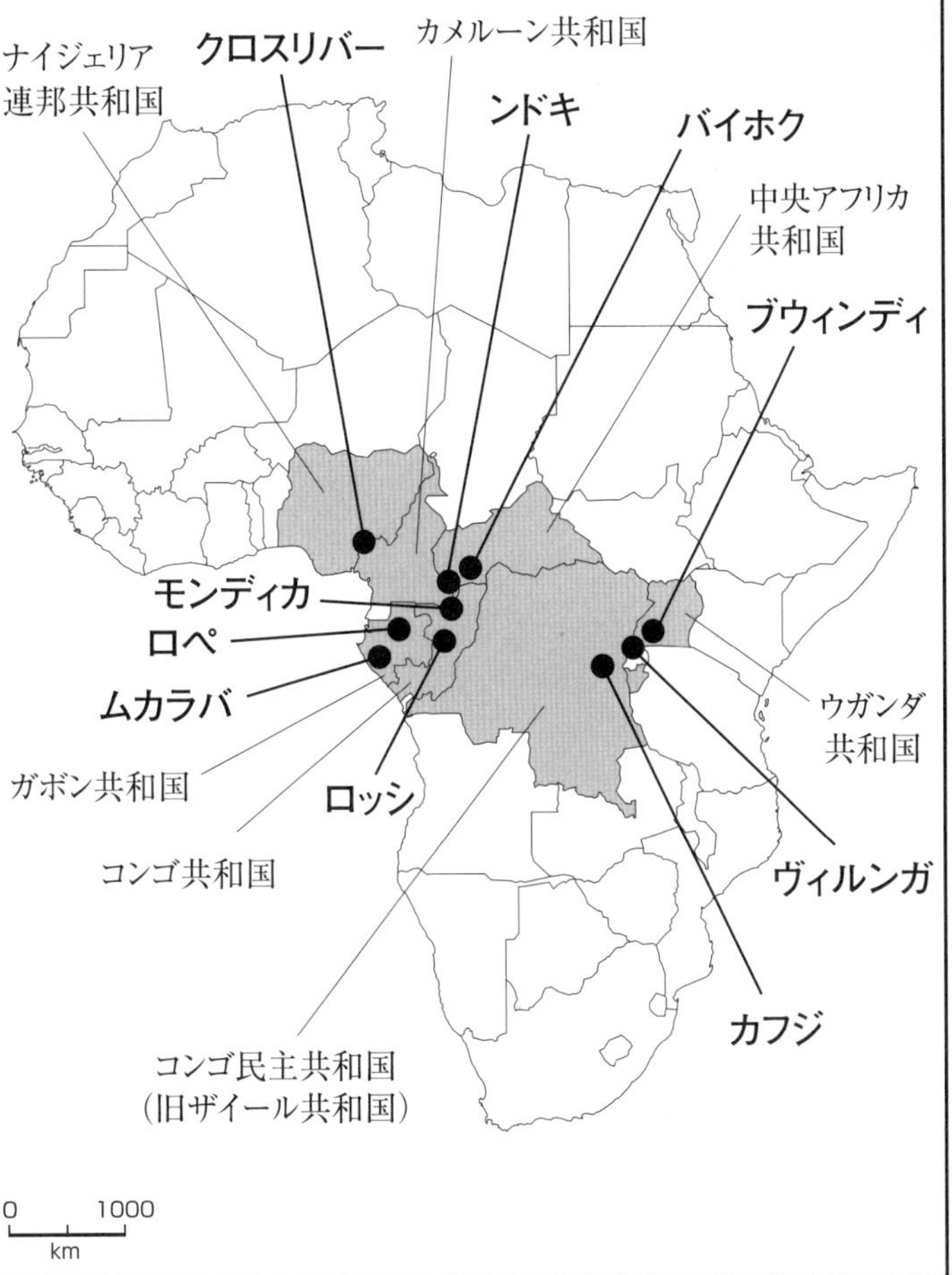

ナイジェリア
連邦共和国
クロスリバー
カメルーン共和国
ンドキ
バイホク
中央アフリカ
共和国
ブウィンディ
モンディカ
ロペ
ムカラバ
ガボン共和国
ロッシ
コンゴ共和国
ウガンダ
共和国
ヴィルンガ
カフジ
コンゴ民主共和国
(旧ザイール共和国)
0
1000
km

はじめに

霊長類学と人類学の研究を通して、私は人間とは何かということを探ってきました。研究対象は、人類と祖先を同じくするゴリラです。私は人間から一歩離れて、人間の社会を眺めています。人間の鏡であるかのようなゴリラを通して、人間の本性を探っているのです。

私は人間の人間たるゆえんは「家族」にあると考えています。

家族というのは、私たち人間にとってあまりにも身近で当たり前の存在ですが、動物全体を見渡してみると、人間のような家族を持つ種はありません。たとえば鳥はつがいで仲良くします。オオカミは夫婦で子育てします。サルだって、一見、人間の家族に似たような群れを作っていることがあります。

しかし彼らのつながりは一時期のもので、多くの場合、繁殖行動をきっかけにしてつがいになり、子育ての期間にのみ限定的にペアになります。それに対して、人間の家族は、一生涯にわたって続きます。

人間の家族という集団は非常に特殊なもので、不思議な集団です。

家族は近代が生み出した文化の産物だと考えられている節もあるかと思いますが、そうではありません。家族の起源は、初期人類が熱帯雨林を出て、草原で暮らすようになったころにまで遡れるのです。

人類は進化の過程で、必要に迫られて家族という集団を生み出したと私は考えています。家族とは、人間の組織の中でもっとも古いものであり、今でも機能している社会形態です。

人間の家族は、どういう社会から生まれたのでしょうか。どんな条件で、何のために？家族というものが生物学的な背景を持っているとしたら、そこには、系統的な、人間に近い、生物学的に近い動物の社会が参考になるだろうと考えられます。つまりヒト科の仲間であるゴリラ、オランウータン、チンパンジーが観察対象にあたります。遺伝子的に、ヒトとゴリラ、オランウータン、チンパンジーとの違いは二パーセントもありません。類人猿の仲間たちは、私たちと非常に近い存在なのです。

ゴリラと向き合う長年の研究を通して、私は様々なことを学びました。彼らの生活をつぶさに見ていると、初期の人類の姿が推測されます。

苛酷な自然環境にさらされながら、人類はいかにして生き延びてきたのか。言葉の生まれる以前に、どのようなコミュニケーションをとっていたのか。食物の分配はいかにして行われ、子育てはいかにして行われていたのか。そんなことを、ゴリラは私に教えてくれます。

ゴリラには、群れの仲間の中で序列を作らないという特徴があります。喧嘩をしても、誰かが勝って誰かが負けるという状態になりません。じっと見つめ合って和解します。ゴリラの社会には勝ち負けという概念がありません。

こういった平和的な性質に触れて、ゴリラが人間よりもある意味で優れていると感じることがあります。

面白いことに、多くのサルはゴリラとは正反対で、まさに勝ち負けの世界を作り出します。サル社会は純然たる序列社会で、もっとも力の強いサルを頂点にヒエラルキーを構築しています。弱いものはいつまでも弱く、強いものは常に強い。諍《いさか》いが起きれば、大勢が強いものに加勢して弱いものをやっつけてしまいます。

では、人間社会はどちらに近いでしょうか。現代社会はどちらの部分も備えている、と言うのが正しいでしょう。ゴリラのように勝ち負けをつけない感性は、人間の様々な部分に見受けられます。そして、サルのように序列を好むシステムもまた、現代社会には存在しています。私が見る限り、人間社会は加速的にサル社会化しているようにも感じられます。

人間社会がサル社会に近づく理由を考えるときにも、家族というキーワードは無視できません。家族とは、私の考えでは人間性の根本を担う非常に重要なものです。しかし、現代社会では家族は存在感を薄めています。個人主義の人々が増え、家族という形態が今の社会にはぴったりとなじまないかのようです。

家族が失われたならば、人間の未来はどうなるのでしょうか？

家族が解消されてしまえば、人間の築き上げてきた社会の仕組みは根本から変わっていかざるを得なくなります。そして、それはあまり明るい未来とは言えません。

タイトルとなった『「サル化」する人間社会』とは、私が憂慮する未来の姿をたとえたものです。

人間が人間らしさを保つために必要な家族をないがしろにし、個人主義が突き進んでいけば、社会は平等性を失っていくと想像できます。それは、優劣を行動原理とするサルの社会に非常に似ています。

霊長類は私たち人間に、人間らしさとは何か、人間の社会とは何かを教えてくれます。

人間を一歩抜け出して霊長類の社会を研究してきた私は、彼らからのメッセージをひもとき、私たち人類の秘密の一端を解き明かそうと思っているのです。

第一章 なぜゴリラを研究するのか

人類学は何を解明するものか

人間は家族を重要視する生き物です。人間は自分というひとりの存在である前に、「どの家族の出身であるか」「どんなコミュニティに属しているか」を大切にして社会を形づくってきました。人間は本来、家族なしには生きていけません。個人ひとりきりの存在には、決してなりきれないものです。

人間は家族というものを生涯引きずって生きていきます。家族を愛し、家族に縛られます。それが人間という生き物の持つアイデンティティであり、人間性と呼ぶべきものの根源のひとつでもあると、人類学と霊長類学の研究の末に私は思うようになりました。

では、人間性とはいったい何なのでしょうか。

私が初めてこの疑問を持ったのは高校時代でした。

一九六〇年代末は、高校紛争の真っただ中でした。安保闘争が盛んな時期で、社会のあり方に対して疑問を持っていた若者たちは、社会変革に希望を持って闘争へ向かっていました。「人間とは」「社会とは」という議論が毎日のように友人たちの間で交わされていました。

そのような日々の中で、私自身、人間とは何なのかという疑問が次第に深まっていきました。人間という存在の本質的な部分がわからなければ、社会を変革することなどできはしない、と思ったからです。

人間とは社会的動物です。人間の本質を知るには、人間社会の由来を知らなければならないだろう。そう私は考えました。そのためにどんな学問を学ぶとよいだろうと考えたとき、私が選択したのは人類学でした。人間の本性《ほんせい》を知るには、人間社会がどのようにして生まれ、進化してきたのかを知る必要があると思ったからです。

人間社会や人間そのものを研究対象とする学問は、人類学以外にも、社会学、心理学、精神医学など数多くあります。

しかし人類学以外の学問は、往々にして現代社会の人間を題材としています。そもそも人間の本性というものは、太古の昔から作られてきた歴史的なもののはずです。人間の本性を解き明かすには、人間の起源を辿らなければ根源的な事実には近づけないのではないか。どのように人間は社会的動物となり、どのような経路を辿って現代社会の原型が誕生したのか。現代にのみ視点を置いていたのでは、その根本をわかりきることはできません。

人間が人間になる以前、今とは違う動物だったころ、われわれの祖先はいかなる性質を備えていたのでしょうか。それを知ることができれば、人間の本性を理解する手立てになります。人類学は人間の根源を追究し、人間とは何かを研究する学問です。人間や人間性の起源を辿り、そこから現代の社会を解明しようとしているのです。

進化論と西洋社会

古代ギリシアの哲学者、アリストテレスは、身体面でも精神面でも人間と動物が連続的な特徴を持っていると考えていました。アリストテレスは「人間とほかの動物との大きな違いは、直立二足歩行と大きな脳だけである」と記しています。

しかし、このような観点はその後、神学の発展によって一度忘れ去られてしまいました。人間と動物の連続性を自然科学的な視点で探究することは、キリスト教的世界観ではタブーだったのです。生きとし生けるものはすべて全能の神が創造したものであるというキリスト教の思想は、中世以降、進化論が登場し受け入れられるまで、とても長い間、西洋社会での支配的な考え方となっていました。

一八五九年、イギリスの生物学者であったチャールズ・ダーウィンは『種の起源』を刊行しました。これはキリスト教の教義に真っ向から異議を唱える内容だったので、当時の教会や知識人から猛烈な批判が起こりました。『種の起源』には、人間についての言及は実はほとんどありません。

しかし、ダーウィンの進化論から必然的に導かれた「人間の祖先はサルの仲間である」という説は、瞬く間に人々の口に上るようになりました。人間の祖先はほかの類人猿と共通しているなんて当時は誰も考えていませんでしたから、「ダーウィンはとんでもないやつだ」と散々批判されました。進化論は今や生物学的には疑いようのない事実ですが、たった百六十年前には受け入れがたい非常識だったのです。

ダーウィンは一八七一年に『人間の由来』を出版します。ここで改めて、人間もほかの生物と同じ法則に従って進化したことを主張しました。この中でダーウィンは人間と類人猿の間には、体格、生理、情緒、社会性、心理といった面で類似した特徴があることを述べています。また、人間の祖先はアフリカで見つかる可能性が高いということも、すでに示唆していました。

日本で生まれた霊長類学

西洋で生まれた人類学は、はじめ人間の文化や社会のみを扱っていました。ダーウィンの進化論以後も、西洋の研究者たちはサルや類人猿の研究には抵抗を示しました。キリスト教的世界観では、「神の姿に似せて作られた」人間というものは、全生物の中でも特別な存在です。人間以外の動物に、自分たちの祖先の姿を重ね合わせたくはないというのが、彼らの心理には根深くあったのでしょう。

しかし、戦後の日本で、人類学に新たな視点をもたらす新しい学問が誕生します。それが霊長類学です。

霊長類学は、人間以外の霊長類を対象として人類の進化を考えようとするものです。人間とは何か、人間の本性は何に由来するのかを霊長類の研究を通して明らかにします。

霊長類とは、哺乳綱霊長目に属する動物の総称です。霊長類の中には、ヒトや類人猿、サル、そして原猿類が含まれます。霊長類の系統を追えば、原始哺乳類からヒトまでの進化の跡を辿ることができるのです。

遠い昔の人間がどのような生活を送っていたのか調べようとするとき、化石を掘り起こ

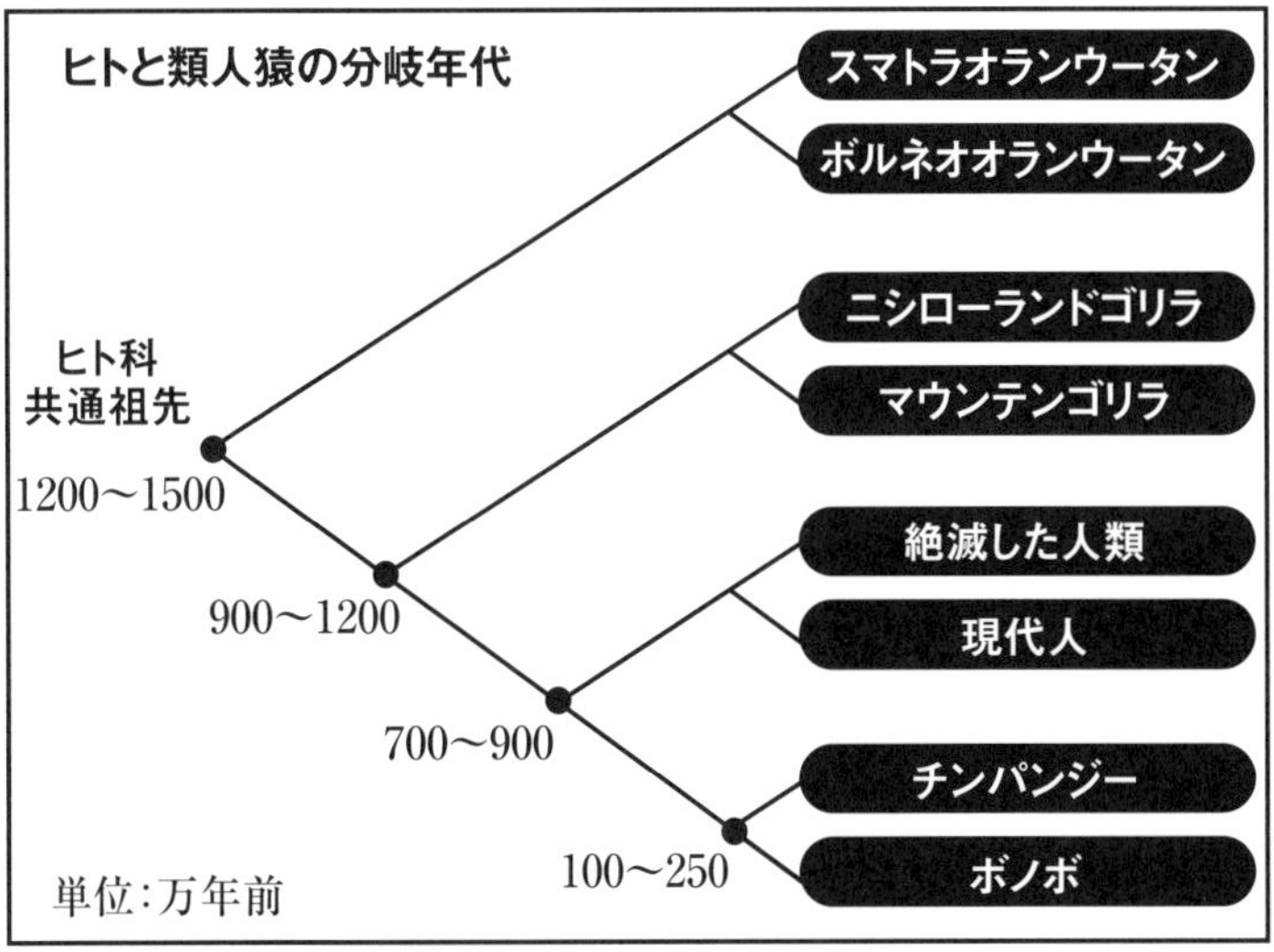

すことで得られる情報もあります。たとえば体の進化の過程などです。しかし、古代人の脳や心は化石には残りません。

社会を形づくる人間同士の関係性も、化石や遺伝子情報には表れません。ですから、人間の祖先の暮らしの歴史を知るには、われわれ人類と共通の祖先を持つ近縁の種の行動を調査する必要があります。

尻尾がなくて、ヒトと近縁なものをヒト科と称します。ヒト科には、ヒト属のほかにチンパンジー属、ゴリラ属、オランウータン属があります。

およそ千五百万〜千二百万年前にオランウータンが共通祖先から分かれ、次に千二百万〜九百万年前ゴリラが分かれました。チンパンジーとの共通祖先と分かれてヒトが誕生したのは九百万〜七百万年前です。その後、二百五十万〜百万年前にヒガシゴリラとニシゴリラが、チンパンジーとボノボが分かれます。これが類人猿の辿ってきた道筋です。

人間は共通祖先から分かれて現代の人間になるまでにどんな特徴を残し、何を捨てていったのか。進化の過程で、人間はオランウータン社会やゴリラ社会の特徴を温存しながら種として分かれていったのかもしれません。

人間の社会の起源を知るには、ゴリラの社会、そしてチンパンジーなどほかの類人猿の社会を研究し、比較することが必要です。彼らの生活を調査し、比較することで人間の本性の歴史的な由来を類推することができ、生物学的に妥当な人間観や世界観を手に入れることができるからです。

霊長類学は京都大学の人類学者、今西錦司さんによって一九四八年に創始され、ニホンザルの研究からスタートしました。

動物と人間の間に絶対的な境界を設ける西洋的な考え方は、そもそも日本にはありません。「人間と類人猿は祖先を同じくする」という事実に対して、西洋の社会に見られるような抵抗感を日本人はもともと持たないのです。

日本には列島各地に野生のニホンザルが生息しており、昔から日本人にとってサルは身近な存在でした。サルは中南米、東南・南アジア、アフリカに分布しており、北米やヨーロッパには生息していません。いわゆる先進国と言われる国々の中で、人間以外の霊長類が生息するのは日本だけです。

「さるかに合戦」「桃太郎」など、日本の民話にはサルがよく登場します。このことからも日本人は文化的にもサルを受け入れてきた民族であると言えるでしょう。

人類学研究の根幹となる霊長類学研究が日本で生まれ、世界をリードすることとなった背景には、こういった地理的・文化的幸運がありました。

今西錦司の思想

一九四八年十二月三日、当時、京都大学で講師を務めていた今西さんは、伊谷純一郎、川村俊蔵というふたりの学部生を連れて宮崎県の幸島《こうじま》へ調査に入りました。初めは半野生のウマの研究を目的にしていましたが、偶然ニホンザルの群れと遭遇し、こちらのほうが面白いテーマだと直感したそうで、この日から野生ニホンザルの調査が始まりました。

今西さんは人類学者であり、登山家・探検家としても知られます。登山家としては当時まだ誰も足を踏み入れていなかった大興安嶺《だいこうあんれい》や、カラコルム、ポナペ島などで積極的に学術探検を進める一方、日本の霊長類学の礎《いしずえ》も築きました。山登りと学問を両立させながら二つの世界で先陣を切り、隊長として後進を導きました。

今西さんは一九四一年に『生物の世界』という書物を著しています。「生物の進化とは歴史であり、種は環境とのかかわりによって生成、発展していくものだ」という生物哲学の思想が著されています。「人間とは特別な存在ではなく、生物の中のひとつの種にすぎない。人間社会は他の生物と同じように種社会として捉えることができ、動物と人間の間には社会的な連続性がある」という主張がなされています。人間だけを特別な存在として扱う西洋的なものの見方とはまさに真逆の発想です。

「社会」というものは人間にしかないと考えるのが、当時の世界の常識でした。しかし、今西さんは「人間以外の動物にも社会が認められる」ことを主張していました。今西さんが標榜したのは「人間の社会の進化的起源を、サルの社会の研究から探る」という研究テーマでした。人間は初めから人間固有の文化や社会を持っていたわけではない。進化の過程でそれを手に入れはずだ。そうであれば、人間の文化や社会の原型と言うべきものは、動物の社会にも見られるはずだ、と今西さんは考えたわけです。

こういった発想は当時の西洋の学者の中には皆無でした。というのも、欧米の学者たちは、動物の生態に着目するばかりで、その社会には興味を持っていなかったからです。すべての生物に社会を認め、そのひとつとして霊長類や人間の社会を位置づけようとした今西さんの発想を根幹として、日本の霊長類学は動物の社会の研究、つまり動物社会学から始まりました。これは非常にユニークなことです。今西さんの霊長類学は初めから、人間以外の動物と人間の社会の間にある、進化上のつながりを見出すことを目標にしていたのです。

人間以外の動物にも社会があることを、今西さんはフィールドワークによって明らかにしようとしました。その最初の証拠は幸島で見つかります。それが有名な「イモ洗いをするサル」です。

幸島のサルのイモ洗いは、一九五三年に一頭の子ザルがサツマイモの土を落とすために小川で洗ったのが始まりと言われています。イモ洗いはそれまでサルが示したことのない新しい行動でした。

これが次第にほかのサルにも伝わり、同じ行動が見られるようになりました。ひとつの新しい行動がほかの個体に伝播し継続していく過程は、文化の伝播の仕方と酷似していました。遺伝によらずに新しい行動が仲間に伝わっていくこの過程は、文化と社会の存在を予感させるものだと今西さんは宣言しました。

この発表は、非常にセンセーショナルなものとして世界に受け止められました。「人間に社会や文化があるのは、知性と言葉があるからだ」という考え方が主流だったために、言葉を持たないサルにも社会や文化があるという主張は、簡単には理解されなかったのです。

人間だけにあるとみなされていた文化や社会の規則がサルにも見出せることを、日本の霊長類学者たちは繰り返し主張しました。それが世界的に認められるまでには何年もの歳月がかかりましたが、現在では当たり前の事実として周知されています。また、霊長類学は最初から人類学の一分野として認められていたわけではありませんでしたが、今西さんらの功績が認められるにつれ、現在の地位が確立されていきました。

「ジャパニーズ・メソッド」の確立

霊長類学における今西さんの功績のひとつに、「ジャパニーズ・メソッド」と呼ばれる観察方法を確立したことがあげられます。ジャパニーズ・メソッドとは、ニホンザルの一頭一頭に名前をつけて観察する、というものです。

この方法も当初は世界の学会から大顰蹙《ひんしゅく》を買ったものです。世界中のどんな学者もゾウはゾウ、トラはトラと、ひとつの類でしか見ていなかったからです。

なんといっても人間こそが全生物の頂点にいて、そのほかの動物は人間よりも下位にある、といった考え方が特に西洋においてはあまりにも強固な常識だったために、動物に名前をつけるなんてペットや家畜など人間の身近な動物以外考えられないことだったわけです。

今西さんのもとで学んでいた伊谷さんは、一九五四年に個体に名前をつけた研究結果をまとめて『高崎山のサル』という著書を発表しました。動物に名前をつけるのは擬人的な行為であり、動物を人間と同じように見る誤った見方である、と西洋社会は受け止め、大きく反発しました。

それに対して今西さんらは「名前をつけないことには動物の社会的な行為は分析できない。確かにこの方法には擬人的な考えや見方はどうしても潜んでしまう。だからこそ、それを長期の研究によって正しく修正していく態度が必要だ」と主張し、何年も連続してニホンザルの研究を行いました。

その結果、この方法で観察を行うと、サルの社会構造がはっきりと見えることが証明されました。当初はこの方法に異を唱えていた学者たちも、後年には今西さんの説の正しさを認めました。動物に名前をつけるジャパニーズ・メソッドという個体識別法は今では世界標準となっています。現在はどんな研究者も、研究対象に名前をつけて観察しています。

ジャパニーズ・メソッドは、実は『シートン動物記』をヒントにしています。『シートン動物記』は西洋では科学ではなく動物文学として、十九世紀の終わりに流行しました。『シートン動物記』には、「オオカミ王ロボ」「暴れ猿ジニー」など、動物に名前がついているのです。

今西さんはこれにならって、われわれも名前をつけようではないか、と考えたのです。「ただし、シートンは英雄にだけ名前をつけたが、われわれはすべての個体に名前をつけて、一頭一頭を調べよう。われわれがサルに成り代わってサルの歴史を記録することが、サルの社会を調べることにつながるのだ」と。

今西さんが率いた霊長類学は、こうして独自の歩みを進めながら、世界をリードする学問に成長していきました。

「近衛ロンド」で受けた影響

私が京都大学に入学したころ、今西さんも伊谷さんも第一線で活躍中でした。当時はまさに大学紛争の真っ最中で、その混乱を受けて大学ではまともな講義は行われていませんでした。そんななか、学生たちの知識への欲求を満たしてくれたのが人類学の自主ゼミです。

京都大学には、あちこちに京大生だけでなく様々な大学から研究者や学生、教官が参加する研究会がありました。集まってくる学生の専攻分野も様々。現在は社会学者として活躍する上野千鶴子さんや森田三郎さんもいらっしゃいました。文系・理系の分け隔てなく、みんなで相乗りして自由に研究をしていました。そんな研究会の中に「近衛ロンド」という集まりがありました。

近衛通《どおり》に面した京都大学楽友会館で行われていたから、近衛ロンド。ロンドとは、円卓という意味です。リーダーを立てず、みんなで思いついたことを自由に話し合えるサロン文化の象徴的な場所でした。今西さんや伊谷さんはもちろん、文化人類学者の米山俊直さん、民族学者の梅棹忠夫さん、哲学者の上山春平さんたちも参加されていました。

近衛ロンドは『季刊人類学』という雑誌を発行し、最新の研究成果を論文として発表していました。近衛ロンドの活動は、研究分野もクロスオーバーしていて、自由で新しかった。その気風に触れて、「授業に出るだけが勉強じゃない」と思ったものです。

このころ、すでに京都大学の助教授となっていた伊谷さんの著書『ゴリラとピグミーの森』を手に取った私は、人類学者の生き生きとした精神と活動に触れ、伊谷さんのもとで人類学を学ぼうと決心しました。

「人間や文明社会だけが研究の舞台ではない。野生の世界にも学ぶべきことがある」と、その本から教えられた気がしたのです。アフリカという人類発祥の地で、すべて――動物、植物、あるいは大陸そのもの――と向き合い、人類の歴史を探り当てようとする人類学者の大いなる野望に心打たれたのです。

これらの自主ゼミや研究会に参加した私は、先輩方から薫陶《くんとう》を受けつつ、人類学に足を踏み入れていきました。そして大学の三回生のとき「人類生態学研究会」というものを自主的に作り、ニホンザルの研究を始めました。

修士課程に進むと、日本列島を下北から屋久島まで歩き、様々なサルの生息地を訪ね歩きました。フィールドワークの過程で日本各地の多くの研究者や、あるいは研究者ではない地元の方々と巡り会い、直接サルについて話を伺えたことは大きな経験になりました。自分で予想していた以上に野生のニホンザルの生態や行動、そして社会にはバリエーションがあることを知りました。日本各地の調査を経て、私は鹿児島県の屋久島で改めてサルの調査をすることに決めました。というのも、屋久島のサルには、本来の野生が残っていたからです。

屋久島のサルを人づけする

私が屋久島に入ったころ、日本ではサルの餌づけが問題となっていました。餌づけは、野生のサルに餌を与えて警戒感を薄めさせ、間近でサルを観察しようとする方法です。一九五〇年代に京都大学霊長類研究グループが幸島と高崎山で野生のニホンザルの群れの餌づけに成功して以来、日本の霊長類学研究の一般的なメソッドとして浸透していました。

各地のサルの生息地を訪ね歩くうち、餌づけにはサルの生活を壊し、野生の特徴を奪ってしまう問題点があると私も感じるに至っていたので、屋久島の調査においても餌づけの方法はとらず、「人づけ」の方法をとりました。

人づけとは、餌を与えずにひたすらサルの行動を追い、ありのままの生活ぶりを調査する方法です。自分自身がサルになったつもりで、サルとともに行動します。

サルは自由自在に山の中を駆け回ります。人間が普段歩く舗装された道とは大違い。道なき道を傷だらけになりながらサルの後を必死に追います。

サルの立場に立ち、サルの視点でものを見ることがなにより大事ですから、私もサルのやることはすべて一通り、実践し経験してみました。

私はずいぶん努力して、サルになりきったつもりでした。しかし、最後に思ったのは「あ、俺はサルにはなれないんだ」ということでした。

サルは人間に心を開いてはくれません。いくらこちらがサルになろう、仲良くなろうと思っても、近寄りがたい壁がある。サルと心が通じ合う瞬間を経験することはついぞありませんでした。

ゴリラの調査に乗り出す

そうこうしているうちに、伊谷さんが私に「お前、ゴリラをやってみないか」と言ってくれました。日本霊長類学におけるゴリラ調査の歴史は一九五八年に始まります。ニホンザルの研究を開始してからちょうど十年。今西さんと伊谷さんは、そのノウハウを持って一九五八年に中央アフリカのヴィルンガ火山群に足を踏み入れ、新しい研究課題としてのゴリラに挑むことになったのです。

ゴリラはニシゴリラとヒガシゴリラの二つに大別できます。前者はさらにニシローランドゴリラとクロスリバーゴリラ、後者はヒガシローランドゴリラとマウンテンゴリラの四亜種に分類されます。ニシゴリラに比べ、ヒガシゴリラのほうが早くから研究が進んでおり、今西さんらが調査しようとしたのはマウンテンゴリラにあたります。

ニシローランドゴリラは茶褐色、あるいは灰色の短い体毛をしています。顔は丸く、鼻の先に小さな突起があります。オスは成熟すると背中から腰や後ろ足まで毛が白くなります。木登りが上手で、足で木の幹や枝を器用につかみます。

ちなみに世界中の動物園で見られるゴリラは九九・九パーセントがニシゴリラ。発見が遅く、早い時期から保護が進んだヒガシゴリラは、動物園に行かないで済んだという背景があります。

クロスリバーゴリラは、見た目はニシローランドゴリラとほぼ同じ。研究が進んでいないため、まだ詳しいことはあまりわかっていません。

ヒガシローランドゴリラは黒くて短い毛をしていて、顔が長くて鼻筋がすっきりしてい

マウンテンゴリラは、黒くてふさふさの体毛、丸顔で、平たい鼻が特徴。高地に棲み、オスは成熟すると、背中の毛が鞍状に白くなる。

ヒガシローランドゴリラは、顔が長く、鼻筋がすっきりしている。成熟したオスは、背中の毛が鞍状に白くなる。

ニシローランドゴリラは、茶褐色、あるいは灰色の短い体毛をしている。顔は丸く、鼻の先に小さな突起がある。大人のオスは、背中から後ろ足まで白銀色になる。
（安藤智恵子撮影）

ます。ニシローランドゴリラに見られるような鼻の突起はありません。オスは成熟すると背中の毛が鞍状に白くなり、後頭部がヘルメットのように突出してきます。ほかのゴリラに比べて体が大きいのも特徴です。

マウンテンゴリラは、黒くてふさふさした長い体毛を持っています。丸顔で、鼻は平たくひしゃげていて、鼻先に突起はありません。その名が示すとおり高地に生息しています。オスは成熟するとヒガシローランドゴリラと同様、後頭部が突出し、背中の毛が鞍状に白くなります。足の形はほかのゴリラと比べて親指と人差し指の間隔が狭く、人間の足のように地上歩行にも適しています。

野生のゴリラの生息域はアフリカ大陸の赤道直下の熱帯雨林に限られています。生息数はニシローランドゴリラがおよそ二十万頭ともっとも多く、次に多いのがヒガシローランドゴリラですが、数はぐっと少なく五千から一万頭です。マウンテンゴリラは六百五十から八百頭しかいません。そしてクロスリバーゴリラはわずか二百五十から三百頭と絶滅の危機に瀕しています。

初めに今西さんと伊谷さんが試みたのは、マウンテンゴリラの餌づけでした。バナナをやったり、トウモロコシをやったり、塩をまいたりといろいろ努力したのですが、なかなかうまくいかない。ゴリラは慎重で、人間の与えた餌に手を出さなかったのです。

ニホンザルではうまくいった方法も、ゴリラには効果がなかったわけです。翌年も河合雅雄さんと水原洋城《ひろき》さんが調査を試みましたが、やはり餌づけには成功しませんでした。

伊谷さんが単独でゴリラの調査に向かったのが一九六〇年。アフリカ独立の年です。ヨーロッパ諸国から植民地支配を受けていたアフリカ諸国のうち、十七もの国々が独立を果たしました。

アフリカでは長い間、暴動や弾圧、抗争など激しい過程を辿りながら独立民族運動が続けられていました。一九六〇年七月にはコンゴ動乱が起きます。

伊谷さんが調査に入ったヴィルンガ火山群も混乱に見舞われており、ゴリラの生息域はそのほとんどが内戦状態にありました。こういった情勢を背景に、伊谷さんはいったんゴリラの調査を断念しなければならなくなりました。

代わりに、唯一平和な国だった現在のタンザニア連邦共和国に入り、チンパンジーの調査を開始します。タンザニアにはゴリラは生息していないからです。以後、日本の調査隊の研究対象はチンパンジーに切り替わり、ゴリラは手つかずのまま研究課題だけが残されていました。

そして、伊谷さんから私がゴリラ調査を提案されたのが一九七八年です。日本においては十八年もの間中断されたままになっていたゴリラ調査がようやく再開できるというこのチャンスに、一も二もなく「はい、行きます！」と即答しました。そして私は、ヒガシローランドゴリラの生息するザイール共和国（現コンゴ民主共和国）のカフジ山に向かったのです。

日本の研究者がゴリラ研究から離れている間に、ゴリラ研究にはある進展がありました。コンゴ動乱の直前にジョージ・B・シャラーというアメリカの研究者が、餌づけではなく人づけの方法で調査に成功したのです。シャラーはコンゴからヴィルンガ火山群のミケノ山に入り、フィールドワークを行っていました。シャラーは自分の姿をマウンテンゴリラに見せて、徐々に馴れさせ、近づいていったのです。

私自身もすでに屋久島でニホンザルを相手に人づけをしていたので、その経験を活かしてカフジ山でも人づけの手法をとりました。しかしニホンザルとはやはり勝手が違います。ニホンザルであれば、自分だけで山を歩き追跡して、単独で記録をつけることができる。しかし、ゴリラとなるとアフリカの広大なジャングルを歩き回るわけですから、とてもひとりでは調査ができない。

そこで、森のことを知り尽くしている「トラッカー」と呼ばれる現地の案内人に協力してもらい、一緒に歩いてゴリラに接近していくのです。森の中でテントを張って眠り、少しずつ地元の言葉も覚えます。ジャングルにはゴリラ以外にもたくさんの危険な動物がいますから、身を守るためにもトラッカーの協力は必要不可欠なのです。

六か月間カフジ山に滞在し、二つのヒガシローランドゴリラの集団を追いました。私がしつこく追跡するので怒ったのか、集団のリーダーであるオスのゴリラは私を見つけるとよく唸り声をあげて襲ってきました。太い腕で打ちのめされて、恐ろしい思いをしたこともあります。

ムシャムカと名づけられたオスは、白銀の背中を持った威風堂々たるリーダーでした。オスの背中の銀色の毛は成熟の証。その姿から、シルバーバック（銀の背）と呼ばれます。ゴリラの群れは一頭のシルバーバックをリーダーとして、数頭のメスや子どもたちからなります。採食や営巣、休息や移動などはリーダーの動きに群れのメンバーが従います。群れによってはシルバーバックが複数いるケースもありますが、そのうちでリーダーになるのは一頭だけです。

ゴリラの群れは十頭から二十頭の集団が一般的なのですが、ムシャムカの率いる集団はなんと四十二頭という、大規模なものでした。これほどの規模のものは非常に珍しく、これまでもあまり報告されていません。

あるとき、あまりに私がしつこく追い回したせいでしょうか、ムシャムカがこちらに突進してきたことがあります。ムシャムカの咆哮《ほうこう》が響き渡り、こちらを目がけて襲いかかってきます。倒れ込んだ私とトラッカーの上にムシャムカは腕を振り下ろし、そして弾丸のように去っていきました。胸に大きな衝撃と痛みが走り、あまりのショックに死ぬのではないかとさえ思いました。ムシャムカのこの一撃は、ゴリラ研究に乗り出した私への手痛い洗礼となったのは言うまでもありません。

カフジ山での初めてのゴリラ調査は、決してスムーズに運んだわけではありませんでした。野生のゴリラに初めて会った二十六歳の私はまだまだ未熟者で、生活をつぶさに見させてもらえるほどには彼らに近づくことはできなかったのです。霊長類学という学問の面白さだけではなく、難しさ、厳しさをも私はカフジ山で感じていました。

例外の科学

霊長類学など、生き物を扱う生物学は、例外の科学と言われています。ほかの科学と違って検証が不可能な事象を扱っているから、そう言われます。

物理や数学なら何度でも実験や計算を繰り返し、検証することができます。しかし、生き物を相手にする私たちの学問は、ある現象を再現したりして検証することはできません。今日という一日を繰り返すことができないように、生物の世界では、二度と同じできごとは起きないし、作り出せないのです。そしてある形質の進化というものは、一度きりしか起きません。私たちは、一回しか起きなかったその事象によって何が変わったかということを探っているのです。

私たち研究者は現場での調査をもとに、類推を重ねていきます。複数の仮説を立てて、様々な方向から検証しながら、説得力のある推論を選び取っていきます。

そもそも動物には言葉も文字もありません。動物の社会を研究するということは、彼らの行動を見て関係を類推し、論を積み重ねていきながら対象に迫っていくということです。私たちは世界中のあらゆる動物の生活をくまなく見られるわけではありません。当然ながら、ある特定のグループなり群れなりを中心として観察するわけですから、動物たちのほんの一断片を見ているのにすぎません。

たとえばゴリラにも複数の種類がありますが、そのうちの一種類だけを調査してゴリラのすべてがわかると思ったら大間違い。同じゴリラでも、種類が違えば食べるものも、行動範囲も、性格も違います。ですから、ゴリラという生き物を研究しようとするなら、複数の種類を調査して、比較検討する必要がある。

もっと言えば、ゴリラのみならずチンパンジーやボノボなどのほかの霊長類の生態や行動との比較検討も不可欠です。「ゴリラとチンパンジーは、ここは似ているけれど、ここは違う」というふうに差異に着目しながら、「違いはどこから来るのだろう？」と考えていくことが大事なのです。

それと同じように、人類とそれ以外の霊長類を霊長類学的見地や人類学的見地から比較検討していけば、これまでほかの学問では明らかにできなかった進化にまつわる秘密がひもとける可能性があるのです。

第二章 ゴリラの魅力

ゴリラ研究のメッカ、カリソケ研究センターへ

カフジ山で初めてヒガシローランドゴリラの調査を行った約一年半後の一九八〇年十二月、私は再びアフリカの地を踏んでいました。訪れたのは現在のウガンダ共和国、ルワンダ共和国、コンゴ民主共和国の国境が交わるヴィルンガ火山群です。

全世界のマウンテンゴリラのほぼ半数が、ここヴィルンガに生息しています。標高三千メートルを超す山々のすそ野には竹林が広がり、雨季になるとマウンテンゴリラの大好物であるタケノコがにょきにょきと生えてきます。マウンテンゴリラの生息域は熱帯雨林の広がる山の中腹あたり。季節になるとマウンテンゴリラはタケノコを求めて山を下りてきます。

ヴィルンガ火山群のほぼ中央に位置するビソケ山の一角に、カリソケ研究センターはあります。カリソケ研究センターは一九六七年にダイアン・フォッシーというアメリカの女性研究者によって設立されたゴリラ研究のメッカです。

フォッシーはゴリラ研究に多大な功績を残した偉大な人物です。彼女の人生は映画『愛は霧のかなたに』（一九八八）に描かれているので、ご存じの方もいるかもしれません。

フォッシーはジョージ・シャラーの研究を受け継ぎながら、彼女ならではの方法で調査を進めました。ゴリラに自分の姿を見せ、その行動をまねて後を追います。ゴリラが何かを食べれば自分も同じように口に運び、ゴリラが寝そべれば自分も草の上で横になる。そういった彼女の行動は、ゴリラの好奇心を刺激したようです。ゴリラは次第に彼女の存在を認め、近づくことを許しました。

フォッシーはゴリラのすべてに名前をつけ、個体の追跡調査を行いました。一頭一頭の行動をつぶさに観察し、性格を見極め、彼らがどういうことをして、誰とどういう関係を作ったかといった個体の歴史を調査してデータ化したのです。フォッシーは世界で初めて、ゴリラから触れられた人物です。当時、彼女は誰よりもゴリラに接近することができたのです。

カフジ山ではあと一歩ゴリラに近づけなかった私は、フォッシーに会いにナイロビに行きました。フォッシーは日本へ来て伊谷純一郎さんたち日本の霊長類学者と会い、ジャパニーズ・メソッドを学んでいたこともあったので、その縁で紹介を得ることができたのです。

初対面のとき、彼女は私にあるテストをしました。「ゴリラの挨拶をしてみて」。ゴリラは仲間たちに近づく際に、特徴的な声を出します。腹の底から絞り出すように、「グフーム」と唸るのです。私はなんとか、それをまねしてみました。

フォッシーは「まだまだね」と笑いながらも合格させてくれ、私はカリソケ研究センターでの調査を許可されたのです。

ダイアン・フォッシーという人

ヴィルンガでのゴリラ調査も、カフジでの調査と同じように、地元のトラッカーとともに行いました。しかし、ある一点が違っていました。ヴィルンガでは、トラッカーはゴリラに近づかないのです。ゴリラの声が聞こえてきたら「一人で行っておいで」とトラッカーは私に言うのです。「僕たちは近づいちゃいけないと、決められているから」と。

これにはダイアン・フォッシーの方針がかかわっていました。フォッシーは、地元の黒人のトラッカーがゴリラに近づくことを厳しく禁じていたのです。

フォッシーという人は、少女のように純粋なところがあるかと思えば、一方では豪快な大酒飲みでもありました。私が出会ったころには、すでに朝からジャックダニエルを飲んでいました。あんなにお酒を飲んでいたのは、きっと大きなストレスを抱えていたからだと思います。

フォッシーは誰よりもゴリラを愛する一方で、地元民をとても嫌っていました。彼女は特にゴリラを殺す現地の密猟者たちを強く憎んでいました。

当時、アフリカではゴリラの密猟が横行し、マウンテンゴリラの頭数も、どんどん減っていました。密猟者はほとんどが地元民です。フォッシーは、ゴリラが黒人に馴れてしまうと密猟者と観察者の見分けがつかなくなり、今まで以上に密猟の犠牲になってしまうのではないかと考えました。そして、なるべく地元の黒人をゴリラに近づけないようにしていたのです。

だからマウンテンゴリラの人づけを許されるのは白人のみ。西洋人以外でゴリラに接近することを認められたのは、黄色人種の私が初めてでしょう。

フォッシーのとった行動の根本にはゴリラへの愛があったことは確かですが、彼女が地元民を差別していたことも否定できない事実です。私にはフォッシーの考えを理解することはできても、納得することはできませんでした。どんな理由があるにせよ、地元の住民をないがしろにする研究の仕方がよいとはとても思えなかったのです。

私がヴィルンガに入ったときには、フォッシーは学位論文を書くためにアメリカのコーネル大学に戻っていました。ですから、カリソケでは直接指導は受けずに、毎月レポートを書いて彼女に提出し、調査の結果を報告していました。

フォッシーから現場で直接教えを受けられなかったのは残念なことではありましたが、彼女の差別的な研究手法に完璧には従わないで済んだことは、ある意味では幸せなことであったかもしれません。

私は地元の人々を排除するようなやり方にはどうしてもなじめなかったので、「ゴリラには近づかせない」という約束だけは守りつつも、彼らと一緒に食事をしたり、酒を飲んだりしていました。もちろん、フォッシーには内緒にです。

森に慣れてきたら、トラッカー抜きでひとりでゴリラに会いにいったりもしました。そのせいで道に迷ってしまって、森の中で一晩明かす羽目に陥ったりもしましたが……。

でも、トラッカーに荷物を持たせて、自分だけ身軽にして調査の間じゅう待たせておくということが、どうしても私にはできなかったのです。今でもその気持ちは変わらないので、現地でフィールドワークをするときは、必要なものは自分のリュックに入るだけ詰め込んで歩きます。

フォッシーは、ゴリラの保護活動に対してかたくなな態度をとり続けたため、次第に地元民との対立を深めていきました。そして一九八五年のクリスマスの晩に、何者かに殺されてしまうという、最悪の結末を迎えました。鉈《なた》で頭を割られるという壮絶な死でした。

彼女が殺された日は大雨だったので侵入者の足跡が残らず、捜査は難航しました。フォッシーを殺害した犯人は地元の住民だとする説もありますし、容疑者として投獄された人物もいますが、確実な捜査や裁判が行われたとは思えません。残念ながら真実は今も謎のままだと言えるでしょう。

フォッシーの死後、私は二つのことを心に決めました。ひとつは、必ず現地のアフリカ人研究者とともに仕事をしよう、ということ。もうひとつは、ゴリラの保護を地元の人たちとともにやろう、ということ。

ゴリラの保護が白人だけの役目ではないのは明白な事実です。今も私はこの二つのポリシーを掲げて、現地での調査を行っています。

初めてヴィルンガのゴリラと出会う

ヴィルンガで最初に調査を始めた日のことです。草をかき分けかき分けジャングルを進んでいると、ゴリラの子どもが遊んでいる声が聞こえてきました。「ついにヴィルンガのゴリラに会える！」という思いに胸が高鳴ってきます。

静かに、そして少し緊張しながら私は草むらに首を突っ込みました。すると、なんとすぐ目の前にゴリラたちがいるではありませんか。手を伸ばせば相手に届くくらいの、予想外に近い距離でした。

私はびっくりして、頭が真っ白になってしまいました。「ゴリラと会ったら必ず挨拶をすること」とあれほどフォッシーに言われていたのに、そんなこともすっかり忘れてしまうほど動転し、草むらの中で硬直してしまいました。

突然現れた見慣れぬ人間を前にしたゴリラたちも、私と同様に硬直しています。「え？なんだ、こいつは？　見たことがない人間が現れたぞ？」と、どうすべきか考えている様子です。

私の目の前にはシルバーバックがいました。ベートーヴェンと名づけられた大きな体をした立派なオスです。ベートーヴェンは私をじっと見ています。おそらくベートーヴェンは私の姿に驚いていたのですが、ゴリラのオスはそんな動揺を態度に出しません。ちょっとしたことで驚いたり怯《ひる》んだりしてしまうと、群れのリーダーとしての沽券《こけん》にかかわりますからね。ですから、じっと黙っているわけです。ベートーヴェンの周りにいるメスや子どもたちにもその緊張が伝わって、やはり硬直している。遊んでいる姿勢のまま固まって、視線だけ私のほうに向けているんです。

どうしようと思いましたが、どうすることもできない。だから声も出さないようにしていたんです。ぴくりともせず、数分間が過ぎました。いや、本当は数十秒のできごとだったのかもしれません。張りつめるような緊張感が草むらに漂います。それを打ち破ってくれたのが、ベートーヴェンでした。

ベートーヴェンはひとこと、「グフーム」と声を発しました。すると、メスや子どもたちは何事もなかったように動き始めたのです。遊んでいる途中だった子どもたちはまた遊び始め、草を食べていたメスたちは食事に再びとりかかる。その様子に我に返って、私も慌てて「グフーム」と挨拶を返したのです。

これが、私がゴリラに初めて受け入れてもらえた瞬間でした。もしもあのとき、ベートーヴェンが警戒する声を出していたら、私は彼らに攻撃されていたかもしれません。しかし、ベートーヴェンは「グフーム」と挨拶してくれた。私を危険な存在と判断せず、闘いを避けたのです。

なんと素晴らしい統率力でしょうか。ベートーヴェンの行動や態度ひとつで次の流れが決まるのは、群れのゴリラたちからの信頼が厚いからです。頼りがいのあるシルバーバックの姿に、私はずいぶん感銘を受けました。

もちろんゴリラにも個体差があって、性格も様々です。後々わかったことでは、人間を見かけると遠くからでも胸をたたきながら襲ってくるようなオスもいるということなので、よほど私は運がよかったのだと思います。

それに、ベートーヴェンはほかのオスに比べても思慮深い性格なのでしょう。ベートーヴェンのとっさの判断と機転で、私は彼らに近づくことが許されました。ヴィルンガで初めて出会ったゴリラがベートーヴェンだったことは、私にとって幸運でした。

ゴリラは人間を受け入れてくれる

ゴリラを研究していて思うこと。それは私たち人間よりも、ゴリラのほうがよほど余裕があるということです。私たちがゴリラを受け入れるより先に、ゴリラが人間を受け入れてくれるのです。

ニホンザルを研究していたころは、こんな感覚を抱いたことはありませんでした。サルは人間に馴れはしますが、その後どうなるかというと無視するようになります。無視して、その生活を観察させてくれはするけれど、私たち人間を受け入れることはありません。

では、ゴリラが人間を受け入れてくれるというのはどういうことか。

ゴリラは、私たちにゴリラ社会のルールを教えてくれるのです。

ゴリラの集団を追うとき、私は自分もゴリラになったつもりで行動します。ゴリラになりきって、彼らに近づいていきます。そんな私の様子をゴリラたちはちゃんと見ています。私は私なりにゴリラのまねを一生懸命しているのですが、ゴリラから見ればやり方がおかしいこともある。

なんだかやり方が間違っているらしいとき、ゴリラは「違う、そうじゃない。ゴリラはそんなふうにしない」という目で私を見てくるのです。ときには「コホッ、コホッ」と咳のような声で私を叱ることもあります。

たとえば、ゴリラが立ち上がったので空いた場所に座っていると、こっちを見て咳払いをしてくる。「そこは俺の場所だから、座っちゃダメ」ということなんですね。

こういったやりとりは、人間の生活でも見られます。たとえば、私たちが日本のことを全く知らない外国人と知り合いになったとしましょう。彼らが何かおかしなことをしたとしても、「彼らは異邦人で、日本の流儀をまだ知らないんだから仕方ない」と、私たちは最初、それを見て見ぬふりをすると思います。これはサルでいう無視に近いですね。

しかし、その外国人がだんだん私たちの生活領域に入ってきたらどうでしょう？　日本の風習を知ろうとしないまま、土足で畳に上がってきたら？

私たちは「それはダメですよ。靴を脱いで上がってください」と教えるでしょう。座り方の行儀が悪ければ、「こういうときは正座をするものなんですよ」と、日本の生活のルールを彼らに教え始めるでしょう。

異文化の者同士で交流し合うためには、そういった作業が必要です。そしてそれは、無視することよりもずっと建設的。居心地よくする方法を教えることで、互いを受け入れることができるからです。

ゴリラは、ちょうどそれと同じことを私たち人間に対してしてくれます。ですから、「違う違う、こういうときはこうしないと」とゴリラに叱られたら、私は「あ、すみませんでした」と謝って、教わったとおりに行動します。

そういうことを積み重ねていくと、どんどんゴリラと仲良くなっていけるのです。こんなやりとりが成立するのは、霊長類の中でもゴリラだけです。

あるとき、私は雨宿りのためにハゲニアの大木の洞に入って休んでいました。するとそこに、あるコドモオスがやってきました。タイタスという名前で、当時六歳。人間の年齢に直すと小学校高学年くらいの遊び盛りです。

見るとタイタスも私と同じように雨に降られ、ずぶぬれになっています。タイタスは洞に入っている私の顔をじっと覗き込んできました。そして「一緒に雨宿りしようよ」と言うように、洞の中に入ってきたのです。

洞は狭くて、ひとり分のスペースしかない。「タイタス、そりゃあ無理だよ。二人は入れないよ」と私は思いましたが、そんなことは意に介さずにタイタスは身をねじ入れてきました。そして、タイタスは座っている私の膝に乗っかってきたのです。さらには、あごを私の肩に乗せて体をすっかり預けてきました。そしてタイタスは私に抱かれて、いつの間にかすやすやと眠り始めました。

これは私にとって、とても貴重な体験でした。タイタスの体はそれは重かったですが、そのぬくもりや匂いに包まれて、私は胸がいっぱいになっていました。野生のゴリラが私に対してここまで心を開いてくれるとは。サルとはまかり間違ってもこんな触れ合いはありません。

誰も負けず、誰も勝たないゴリラ社会

タイタスとともに木の洞で眠った経験は、私に強い感動をもたらしました。ゴリラってすごいなあ。自分とは違う種類の動物をあんなふうに受け入れられるなんて、人間よりもずっと偉いなあ、とつくづく思ったものです。

ゴリラのすごいところは、相手を受け入れる能力だけではありません。「負ける」という概念を持たないことも、特筆に値する特徴です。

ゴリラは誰を相手にしても「負けました」という態度をとらない。そんな感情もないし、そういう表情も備えていません。子どもでもメスでも、体力の差によって「参りました」という態度で相手に媚《こ》びることはないのです。これは、実にすごいことだと私は思います。ある意味で人間を超えていると言えるでしょう。

人間は立場によっていろんな表情を作って、相手との関係性を築きます。とてもかなわないと、相手に屈服する。ここで負けてもほかでは勝とう、という心も持つ。人間は本心では相手に負けたくなくても、将来的な勝ちを見越してその場では負けたふりをすることもあります。ところがゴリラにはそういう面が一切ない。絶対に負けないのです。

これはつまり、ゴリラには優劣の意識もない、ということでもあります。この点で、ゴリラは人間ともサルとも異なっています。

ニホンザル社会には完全なヒエラルキーがあります。優位なサルは肩の毛を逆立て、尻尾をぴんと上げてのしのしと威張って歩きます。これは自分の優位性を誇示するためです。

また、劣位なサルは、自分が劣位であることをいつも態度で示します。優位なサルににらまれたら、口を開けて歯茎を出す表情を浮かべます。人間から見ると笑っているように見えますが、これは「グリメイス」というサルに独特の表現方法で、劣位なものが優位なものに対して、「自分はあなたへの敵対心は持っておらず、恐れています」という気持ちを示しています。また、劣位なサルは優位なサルからの視線を避けて横を向くこともあります。サル社会では、目を合わせることは敵対や挑戦を示すからです。

一方、ゴリラには歯をむき出す「グリメイス」にあたる表情は存在しません。自分の立場が相手よりも下であることを示す表情をそもそも持っていないのです。また、ゴリラはじっと相手の目を見つめます。威嚇《いかく》されても相手の視線を避けないのです。

ベートーヴェンの群れに出くわしたとき、草むらからひょっこり顔を出した私の目を、ベートーヴェンはじっと見つめてきました。これはまさにゴリラ特有の行動です。ゴリラは、見つめ合うことを通して相手が今何を考えているのか知ろうとします。

ゴリラは仲直りをするとき、対面してじっと顔を突き合わせるという解決方法をとります。これを「覗き込み行動」と言います。

チンパンジーのように相手と抱き合ったり、毛づくろいしたりはしません。ただじっと顔を寄せて覗き込むだけです。しばらく見つめ合っていると、ふっと緊張が解ける瞬間があり、さきほどまで喧嘩していたゴリラ同士は気が済んだように自然に離れていきます。

もうひとつ、ゴリラの仲直りに関して興味深いのは、喧嘩の当事者だけではなく、第三者もその仲直りの行動に参加する場合があることです。喧嘩した二頭の間に第三者であるもう一頭が割り込んで、仲裁をするのです。

子ども同士やメス同士の喧嘩にはシルバーバックのオスが大きな体を割り込ませて壁になる様子がよく見られます。そして、大人のオス同士の喧嘩には、メスや子どもが介入して仲裁します。力の優劣がないので、メスであれ子どもであれ、堂々とオス同士の喧嘩に割って入れるのです。

また、ゴリラの喧嘩の仲裁は、非常に平和的です。というのも、第三者はどちらにも味方しないのです。

ゴリラは仲直りをするとき、対面してじっと顔を突き合わせるという解決方法をとる。これを「覗き込み行動」と言う。

ゴリラの喧嘩の仲裁はとても平和的だ。シルバーバックの喧嘩に若いオスが割り込んで、仲裁している。

ニホンザルで喧嘩が起こったときは、どちらか一方に加勢して争いを止めようとする動きが起こります。たいていの場合、優位なサルに大勢が味方して、喧嘩を終わらせるのです。

しかし、ゴリラはそういった態度をとりません。子どもやメス同士の喧嘩では、大人のオスが介入して攻撃されたほうに加勢することが多いのですが、あえてどちらにも加勢せず、喧嘩をしている二頭の間に体を割り込ませてただうつぶせになる、という行動も見られます。

また、大人のオス同士の喧嘩を止めに入ったメスや子どもは、オスの背中や腰に軽く手で触れたり、顔を寄せて覗き込みます。そうすると、たいてい喧嘩をしていたオスたちは冷静さを取り戻して、一件落着となるのです。

ゴリラの喧嘩は、どちらかが勝ってどちらかが負ける、という決着を見ません。そんなことになる前に、第三者が仲裁に入る。誰も負けず、誰も勝たない。互いに対等なところで決着がつくのです。

ゴリラ社会に優劣の概念がないことは、その食事風景を見ていてもよくわかります。ゴリラは群れの仲間と一緒に食事をします。この光景もサルには見られないものです。

序列のあるサル社会では、優位なサルの前で劣位なサルは決して食べ物に手を出しませんし、食べるときには散らばって、互いに目が合わないようにします。

ところが、ゴリラは顔を向け合い、視線を交わしながら食事をするのです。

優劣という意識がゴリラにないことは、いろいろな場面で見てとれます。体の小さいゴリラが自分よりもずっと大きいゴリラに近づいて、場所を譲るように要求することもあります。

私と洞の中で一緒に眠ったタイタスは、群れの中では最年少のオスでした。そのタイタスが、あるとき年長のシルバーバックのオスの食べているものを分けてもらおうと要求しにいったことがあります。

そのシルバーバックのオスの名は、ピーナツと言います。ピーナツはハゲニアの木の前に座って、樹皮をはがして食べていました。よっぽどおいしいのでしょう。目を瞑《つむ》って味わう様子は、人間がビスケットを食べているかのようでした。

タイタスはピーナツから三メートルほどのところで立ち止まって、じっとその様子を見ていました。ピーナツはタイタスのほうを見向きもしません。集中してハゲニアの樹皮を食べています。

するど、タイタスはピーナッツに触れんばかりの距離まで近づき、じっとピーナッツの顔を覗き込み、続いてピーナッツが持っているハゲニアの樹皮に顔を近づけました。「それ、おいしそう。僕も食べたい。ちょうだいよ」と言っているかのようです。

それでもピーナッツはひとりで樹皮を食べ続けました。タイタスはあきらめずに、何度もピーナッツの顔を覗き込み続けました。

ピーナッツはとうとうあきらめて、最後に一枚樹皮をはがすと、その場を去ったのです。すかさずタイタスは先輩であるピーナッツが開けてくれた場所に陣取り、ハゲニアの樹皮をはがして満足げに食べ始めました。

劣位なものが優位なものを立ち退かせて食べ物を得るということは、サルの社会では決して見られません。それはサル社会を支える優劣のルールに反することなので、起き得ないのです。

タイタスとピーナッツの行動に関してさらに不思議なのは、その付近に生えていたハゲニアの木がその一本だけではなかったということです。タイタスはほかのハゲニアの木の樹皮を食べることもできたし、もっと言えば、ピーナッツを立ち退かせずに、反対側に回って食べることだってできたはずなのです。

いったい、この行動にはどういう意味があるのでしょうか。

年長のゴリラであるピーナツは、せっかく見つけた採食場所を年少のゴリラであるタイタスに譲りました。そのことによってピーナツは、タイタスを許容する間柄、すなわち親しい仲であることを示したのです。これは、ゴリラ社会では食べることは食欲を満たす以上のものであり、さらに言えば食べ物を分配したり、食べる場所を譲るという行為には何らかの意味があるということを示しています。

ただ近くにいることを許容するだけではなく、食べ物を共有することに大きな意味があるのです。これは同調と共存への願望ととれるでしょう。相手を見つめたり覗き込んだりするのは、その了解を相手と確認するためです。ゴリラは食べ物を前にして、共存と許容を仲間と示し合うのです。

ゴリラは相手の気持ちを汲み取っている

ゴリラには「負けた」という表情はありませんが、「あ~やっちゃった。失敗したな」という表情はあります。たとえば木から落ちたとき、「しまったなあ」という顔をする。

これはどういうことかというと、ゴリラは内向的で、自分を外から見つめる能力があるということです。自分の行動がわかっているんですね。

「木から落ちるはずじゃなかったのに、落ちちゃった」。こうなるはずではなかったのに、というプライドがあるんですね。そこがゴリラのかわいらしいところです。

私が草むらから顔を出したとき、ベートーヴェンが動じた様子を見せなかったのも、ゴリラならではのプライドが働いています。仲間からどう見られるかを気にしているから、絶対に怖がっているような様子は見せないわけです。

胸をたたいて強さを誇示する行動を「ドラミング」と言いますが、それをしているときも、周りの反応が気になるけれども、みんなのほうを見ちゃうときまりが悪いのでわざと素知らぬふりをします。「どうだ！」と胸をたたきつつ、みんなの様子を見たいけれどもあえて見ないでかっこよさを追求する。まるで「武士は食わねど高楊枝」のような行動ですよね。

ゴリラと親しくなってくると、彼らが今どんな気持ちでいるかということは次第にわかってきます。楽しければ飛び跳ねるし、生き生きと動きます。

ゴリラは笑うこともあります。私を遊びに誘ってくるときは、ワクワクしているのがわかります。瞳が金色に輝いて、キラキラするのです。人間のように泣きはしませんが、悲しければ肩を落としてうずくまり、動かなくなったりもします。見知らぬものに出会ったとき、何かを警戒して、恐る恐る手を伸ばして触れている様子を見かけることもあります。ゴリラは感情豊かな生き物です。彼らは言葉を持ちませんから、表現はいっそう直截的です。言葉がなければ相手を騙すこともない。嘘もない。素直な気持ちしか、そこにはないのです。

調査を始めて一か月くらいで、私はだいたいゴリラの感情が読み取れるようになりました。しかし私が彼らを理解する以上に、ゴリラのほうが私の感情をきちんと読み取っているはず。ゴリラは人間の気持ちを読むことにかけては名人なのです。これもサルと違うところです。サルは、人間の気持ちを忖度《そんたく》しません。

ゴリラとサルに見られる違いは、知能の違いではありません。社会性の違いです。サルは厳密なヒエラルキーのある社会に生きているので、自分と相手のどちらが強いか弱いかで態度を決めます。立場の優劣でとる態度が決まってくるのです。だから相手の表情を読む必要がないのです。

一方、ゴリラは優劣のない社会で暮らしていますから、優劣は態度を決める判断材料になりません。ゴリラは相手が何をしたいのか、自分が何を望まれているのかを汲み取り、どういう態度をとるべきなのかと状況に即して考える。相手をじっと見て、何をしたいのかな、と考えるのです。

つまり、ゴリラには共感能力があるのです。相手の目を見つめるということは、相手の気持ちの中に入り込むということ。その能力がゴリラ同士の関係性や社会を形づくっているのです。

ゴリラには遊ぶ能力がある

ゴリラの子どもたちは、まるでレスリングごっこをしているように取っ組み合ってよく遊びます。これはオスの子どもによく見られます。

遊ぶというのは、実はけっこう高度な能力です。相手を傷つけたら遊びになりませんし、体格の差があっても成り立つようにしなければなりません。そのためにはどのくらいの力加減だったらいいかと判断する能力や、相手の気持ちを汲む共感能力が必要です。

遊びを通して、ゴリラは仲間と生きていくための社会的な技を身につけます。遊びの能力は、霊長類、特に類人猿に共通して見られますが、その能力をもっとも強く残しているのが人間です。人間は霊長類の中でいちばん遊びが上手。次がゴリラです。おそらくこの

ゴリラの子どもたちはレスリングのように取っ組み合って遊ぶ。遊んでいるときにはよく笑う。遊びを通して、ゴリラは仲間と生きていくための社会的な技を身につける。

能力は人間とゴリラの共通祖先から受け継がれているものでしょう。

ニホンザルでは遊びと見られる行動は、せいぜい十秒くらいしか続きません。しかしゴリラはこの能力が卓越していて、ときには休みを入れながら、一時間以上も遊び続けることがあります。

霊長類では一般的に、遊びは子どもの特権で、思春期が近づくにつれて遊ばなくなっていきます。ところがゴリラは思春期を過ぎても長々と遊ぶことがあります。大きな大人のオスが腰を折って、わざわざ自分にハンデをつけて若いゴリラたちと遊ぶのです。子どもたちがたとえ頭をたたいても、大人のオスは怒りません。ゴリラは体の大きさにかかわらず相手と遊ぶ能力を持っているのです。

ゴリラの遊びにはいくつか種類があります。まずは「お山の大将ごっこ」。交代で高いところへ登って、胸をたたきます。「自分がいちばんだ！」と言わんばかりに得意げです。胸をたたく代わりに、両腕を突っ張って肩をいからせ、威張って歩くというパフォーマンスもあります。ある子どもが始めると、みんなが代わる代わるこの歩き方を始めます。

「ヘビ遊び」は、子どもたちが前後に連なり、列になって歩く遊び。くねくねと曲がりながらヘビのように歩くことからこの名前がつけられました。

枝を引きずって競う遊びもあります。大きな音を出すのが楽しいようです。

ゴリラは遊んでいるときにはよく笑います。追いかけ合っては笑い、取っ組み合っては笑います。遊びに誘われただけなのに笑うこともあります。これは、ゴリラが遊びの楽しさを思い描けるからでしょう。

笑い声は、遊びのときの力加減を伝えるためにも使われます。体の大きさに差のある二頭が遊んでいるとき、小さいほうはよく「グコグコグコ」と楽しそうに笑います。この声を聞けば、「まだ力を入れていいんだな」と大きいほうは理解して、もう少し強い力で取っ組み合います。

ゴリラは相手が自分と違う種類であっても、遊ぶ能力や共感する能力を持っています。それは共存能力ともいえるでしょう。

たとえば、タイタスはハイラックスという、タヌキのような小型の動物と遊んでいる様子を私に見せてくれたことがあります。タイタスはハイラックスを手で押しのけたり転がしたりして遊んでいました。ハイラックスのほうもそれが遊びとわかっていたようで、逃げ出したり怒って飛びかかったりすることはありませんでした。

タイタスが私と一緒に木の洞で雨宿りをして眠ったのも、「一緒に遊ぼう」という気持ちだったのかもしれません。

人間にもかつては共存能力があったはず

タイタスたちは、野生のゴリラとしての自分の生活領域の中で、異分子でしかない私という人間を信頼してくれました。私がゴリラの生活のルールを学びながら、その社会に入っていこうとしている段階で、彼らのほうから私を受け入れてくれたのです。

このことを思い出すたび、私たち人間は、こんなことができるだろうかとふと考えてしまいます。クマやサルやイノシシやシカ……、日本にはまだたくさんの野生動物が身近にいますが、彼らに人間の生活のルールを教え、共存することができるでしょうか。犬や猫をペットとして飼い馴らしたり、動物を檻の中に閉じ込めて観賞することはできますが、それは人間本位の動物とのかかわり方です。野生動物にそれほど強い制限を与えずに自由な生活を保障し、彼らを受け入れ共存することは可能なのでしょうか。

そんなことは無理に違いない、と現代人なら誰しも思うでしょう。しかし、私はゴリラの研究をしていて、「人類の祖先は、ほかの野生動物と共存する暮らしをしていたのではないか」と思うに至っています。ゴリラと人間は祖先を同じくするのだから、同じような特徴から出発したはずだと考えられるからです。

動物は進化の過程において、ほかの動物を排除するためではなく、むしろ共存するためにそれぞれの種の特徴を作り出してきたと私は見ています。

生活圏を同じくするゴリラとチンパンジーがそのよい例でしょう。この二種の類人猿は、食べるものがあまり変わりません。好物も似通っています。しかし、喧嘩もせず、同じ森の中で共存しています。それは互いに全く違う特徴を備えるように分化していき、違う社会を作ったからだ、と私は仮説を立てています。

チンパンジーとゴリラでは、食べ物は同じでも食べ方が違います。チンパンジーは一頭でものを食べます。一頭だと一度に食べる量は少ないので、何度でも同じ場所に来て、おなかが減ったときに十分な量を採取して食べることができます。

一方、ゴリラは集団でやってきて食事をします。みんなで一斉に食べるので、あたりの草や果物を食べればなくなってしまいます。だから、食べ物を求めてゴリラは移動していく。同じところには戻ってきません。ゴリラとチンパンジーにはそういう違いがあって、だからこそ同じ熱帯雨林の中で共存ができているのです。

食べ方の違いは生態の違いではなく、社会の違いです。逆に言えば、生態が同じでも社会が違えば共存はできるということです。

そして人間の本性も、もともとはほかの類人猿と共存できるような特徴を持っていたはずだと私は思うのです。狩猟採集民であったころの人間は、自然や動物との間に境界を設けていなかったはずです。しかし、人間はどこかの時点でそれをやめてしまった。いつからか人間圏というものを確立し、人間独自の社会性を育んでいったのです。

タイタスとの再会

二〇〇八年のこと、ＮＨＫの取材班に誘われて、二十六年ぶりにタイタスに会いにいくことになりました。出会ったころは六歳だったタイタスも、もう三十四歳。人間でいえば六十歳をゆうに超えるおじいさんです。

タイタスは私のことを覚えているだろうか。きっと覚えているに違いない。木の洞で一緒に眠るほど、心を開いてくれたのだから……そんなことを考えながら、タイタスの棲む森に再び向かいました。

現地の職員と再会して最近のタイタスの様子を聞くと、この地域のマウンテンゴリラのオスの中でもっとも多くの子どもの父親になっていると言います。あのかわいかったタイタスが、今では子どもやメスたちから信頼を寄せられる立派なリーダーになっているのかと思うと、なんとも感慨深いものがありました。

二十六年前とは現地の状況はずいぶん変わっていました。近年は観光客向けにゴリラを見せるツアーが組まれていて、ゴリラと対面するのは一時間だけ、しかも七メートル以上離れていなくてはいけない、という決まり事が作られていました。野生のゴリラの生態と彼らの健康を守るため、というのが理由です。ゴリラの近くにいると、ストレスを与えるし、咳などを通じて人間の病気をうつしてしまうからです。

タイタスと遊んでいたころは、一日じゅうゴリラのそばにいたのですから、その変化には絶句せざるを得ませんでした。たった一時間の面会で、タイタスは私を認識してくれるだろうか、と少し不安がよぎりました。

朝暗いうちに起き出して、ひとりでタイタスがいると思われるほうへ歩き出します。朝露に濡れるイラクサの茂みをかき分けて、二十六年前と同じようにゴリラの足跡を辿ります。するとすぐにタイタスに出会うことができました。ちょうど雨季にあたる時期でタイタスの群れはおいしいタケノコを探しに山を下りてきていたのです。

タイタスの姿を見つけて、胸が高鳴ります。「グッ、グフーム」と私は挨拶をしました。

タイタスはこちらを振り向くのですが、挨拶に応じてくれません。私に一瞥をくれた後、すぐに食事を再開しました。食べるのに忙しいんだ、と言わんばかりに。

二十六年ぶりに出会ったタイタスは、当然ですが、ずいぶん老けていました。動作はゆっくりしていて、目に光がありません。無邪気に遊び回っていた子どものころとは雰囲気が違います。

ゴリラには鼻紋というものがあります。鼻の中心部にある皺《しわ》で作られた模様で、小さいころからあって年をとっても変わりません。一頭一頭違うので、人間の指紋のように、個体識別をする指標として使うことができます。二十六年ぶりのタイタスを見つけられたのは、鼻紋のおかげでした。タイタスには特徴的なTの字型の鼻紋があるのです。それがなければ、私もすぐにタイタスだと気づくのは難しかったでしょう。

タイタスは私には気づいてくれませんでした。いつも見かける観光客のひとりと思ったのでしょうか。私自身も二十六年分年をとっているので、タイタスから見れば別人なのかもしれないと、暗い気持ちになりかけました。

むなしくも一時間が過ぎ、私はその日の観察を終えなければなりませんでした。あんなに仲良く遊んだ私を、忘れてしまったなんて……。私は落胆しました。もう少し時間があれば。たった一時間では、思い出すことが難しいに違いない。そんなふうにも思いました。

あきらめきれなかった私は、三日後にもう一度タイタスに会いにいくことにしました。

その日、草むらをかき分けるとタイタスは私のちょうど正面に座っていました。驚いたことに、私を見るとタイタスはまっすぐこちらに向かってきました。そして五メートルほどの距離で立ち止まると、腰を下ろして私をまっすぐ見つめてきました。

もしかしたらタイタスは私を思い出しかけているのかもしれない。私はそう思いました。タイタスと私は一対一でジーッと目と目を合わせます。するとタイタスの顔が徐々に変わり始めました。三日前に見たときよりも、ずいぶん若い表情になったのです。顔につやが出て、目が輝き始めています。

私は沈黙の対面に我慢ができなくなり、「グッ、グフーム」と挨拶しました。すると、タイタスも「グッ、グフーム」と答えました。タイタスの目は好奇心に燃えているときのように金色に輝き、顔つきは少年のようになり、目がくりくりとしてきました。

次にタイタスがとった行動は、両手をあげて仰向けに寝転がることでした。小さいころのタイタスの寝相そのままでした。これは子どもならではの寝方です。というのも、大人になるとおなかが大きくなって、体も硬くなるので仰向けの姿勢は辛いのです。大人のオスはうつぶせか横向きに寝るのが普通なのです。でも、このときタイタスは子どものように仰向けになって寝ていました。

次に、タイタスは近くにいた二歳か三歳のコドモゴリラ二頭をつかまえて、取っ組み合って遊び始めました。しかも「グフグフグフ」と笑っています。

私は驚きました。年老いたゴリラのオスはめったに遊びませんし、笑い声もたてません。タイタスほど年老いたオスが、こんなに簡単に笑うのは珍しいことなのです。

このとき私は気がつきました。タイタスは子どもに戻っているのだ、と。

タイタスは私の顔を見て、思い出すうちに、昔の自分に戻ってしまったのでしょう。「子どものころに一緒に遊んだ、お前だな。楽しかったなあ」と、タイタスは全身で私に伝えてくれているようでした。人間のように言葉を持たないゴリラは、心だけではなく体全体で過去に戻るのかもしれません。

タイタスは私を覚えていてくれました。胸がいっぱいになりながら、私はタイタスとの再会を終え、山を下りました。

タイタスは翌年の二〇〇九年、寿命を終えました。亡くなる前にタイタスと再会でき、彼の記憶の中に自分の姿を確認できたことは、私にとって非常に大きな喜びでした。

第三章 ゴリラと同性愛

オスだらけの不思議な集団

普通、ゴリラはオスが一頭でメスが複数という、いわゆる「ハレム型」と呼ばれる集団を作ります。ところが、カリソケ研究センターで観察していたマウンテンゴリラの集団の中には、オスばかりがたくさんいて、メスが一頭しかいないという特殊な集団がありました。私はその集団に狙いを定め、のべ十一か月かけて調査しました。

この集団のメンバーを紹介しましょう。いちばん年長なのは、ピーナッツとビツミーです。この二頭はシルバーバックのオトナオス。シリーとエイハブはブラックバックの若オス。そしてパティという七歳のメスと、いちばん年少で六歳のタイタスというオスがいました。みなそれぞれ別の集団からやってきていました。この集団の成立事情は少し特殊です。密猟によって群れのリーダーが殺され、行き場を失ったゴリラたちが寄り集まってきていたのです。

普通、ゴリラのオスは成長すると生まれ育った集団を離れ、「ヒトリオス」となって数年間、単独行動をします。ヒトリオスの時期にほかの集団と出会ってその中にいるメスを誘い出し、一緒に自分たちの新しい集団を作る、というのが一般的です。

そこから数年かけてメスや子どもを増やしていき、集団は十頭前後まで大きくなります。ゴリラのオスは集団を一度構えれば、死ぬまでリーダーの座を失うことはありません。

ヒトリオス同士が集まって作られたピーナッツ集団は、一般的な集団とは構成が全く違います。一頭のメスがいることも非常に不思議です。ゴリラは一頭のオスが複数のメスを占有するのが一般的で、一頭のメスを複数のオスで共有することは考えにくいからです。

ところで、ゴリラの交尾はメスの誘いで起こります。オスがメスに交尾を強要することはありません。ゴリラの社会ではレイプは起きません。強いものが弱いものに性行為を強要することはできず、むしろ弱いものも強いものの誘いを無視したり、断ったりできるのです。

そもそもゴリラのオスは、メスが発情しないと自分も発情しないメカニズムになっています。しかも、ゴリラのオスにはメスの発情を見抜く力がありません。メスから誘ってもらうまで気がつかないのです。そのうえオスはメスを選ばない。来る者拒まずで、誘われたら必ず期待に応えます。交尾の相手を選んでいるのは、いつもメスのほうなのです。

ゴリラのメスは、発情するとオスにそっと近づいて顔を覗き込んだり、手でオスの肩や腕に触れたりします。私は何度もメスの誘い方を見たことがありますが、すごく魅力的なんですよ。

歩き方からして、いつもと違っているのです。ひそやかな足取りで近づいてきて、顔を覗き込んだと思ったら静かに立ち去る。そしてオスから二歩三歩離れたところで、ふっと振り返る。そんな色っぽい仕草をされてしまうと、オスはもう、ひとたまりもない。やにわに気持ちが盛り上がってきてオスはメスに突進し、後ろから抱きかかえて「クルクルクルクル」という、交尾のときにだけ聞かれる特別な声を出しながら交尾をします。

ゴリラの交尾はわずか一分程度。あっさりしています。類人猿の中では、オランウータンの交尾時間がいちばん長く、十分程度です。

一方、チンパンジーやボノボはゴリラよりもさらに短く、チンパンジーは平均七秒、ボノボは平均十五秒で射精して終わりです。

ピーナツ集団に緊張が走る

ピーナツ集団は複数のオスに一頭のメス。ここでメスが発情したらいったいどうなってしまうのだろう、というのが初めからの疑問でした。

そしてあるとき、ついにその瞬間がやってきました。メスのパティとシルバーバックのビツミーが交尾を始めたのです。ハラハラしたのは言うまでもありません。これはえらいことになった、きっとオス同士が激しい争いを始めるに違いない……。私はそう思いました。やはりというべきか、ピーナッツとビツミーの二頭のシルバーバックの間に激しい緊張が走るようになりました。その日以来、喧嘩がしょっちゅう起こるようになったのです。

しかし、不思議なことがひとつありました。パティとビツミーの交尾は、パティからではなくビツミーからの誘いで起こったのです。しかもパティはビツミーの誘いにすすんで応じてはおらず、拒んでいたのです。それをビツミーは追いつめて、なかば無理やり交尾をしたように見えました。

ゴリラのオスがメスに交尾を迫るなんて、見たことも聞いたこともありません。しかも、ゴリラには起き得ないとされているレイプまがいの行為にも見えるではありませんか。いったいこれはどういうことだろう。疑問は深まるばかりです。

さらに不思議なことに、ビツミーは執拗にパティを追うのに、もう一頭のシルバーバックであるピーナッツはメスのパティにあまり関心を示しません。ビツミーのしつこい追跡から逃れようとして、パティはピーナッツのそばに身を寄せます。

するとピーナッツは立ち上がってビツミーに対して胸たたき《ドラミング》をし、追い払おうとします。

しかし、だからといってパティと交尾をするわけではないのです。

二頭のオトナオスが激しく対立し、集団の緊張はどんどん高まっていきます。そして数日間にわたって、血みどろの死闘が繰り広げられることとなりました。草木はなぎ倒され、引きちぎられた毛があたり一面に散乱し、ピーナッツとビツミーは無数の傷を負いました。

シリー、エイハブ、タイタスの三頭のオスは、なんとかこの闘いをしずめようとやっきになり、組み合っているピーナッツとビツミーに飛びついて、金切り声をあげながら頭をたたいたり背中をひっぱったりして間に割り込もうとしていました。

えらいことになった……。こんな様子では、この集団は早晩分裂するはずだ、と私は踏んでいました。しかし、その予測も裏切られました。彼らは喧嘩をしながらも、その後も集団であり続けたのです。

パティの股間に、驚きの発見

数か月経つと、ビツミーとパティの交尾の頻度は少なくなっていきましたが、それでもビツミーはパティを付け回していました。パティはビツミーを避けてピーナッツのそばに座りますが、ピーナッツもパティも互いを誘うことはなく、この二頭の間に交尾は観察されませんでした。なぜピーナッツがパティと交尾をしないのか、私にはその理由がつかめないでいました。

そんなある日、私は驚くべき発見をします。

足を広げて腰かけ、休んでいるパティをふと見たら、なんと股間に小さなおちんちんがついているではありませんか。

「これはいったい何なんだ⁉ どういうことなんだ！」と私は大混乱。「パティ、お前、オスだったのか⁉」

カリソケで研究していたスタッフは全員、パティの性別を勘違いしていたのです。

ゴリラは、あんなに大きな体をしているのに、ペニスや睾丸《こうがん》は人間よりも小さい。ペニスは勃起をした状態でも人間の親指くらいしかありません。そのうえ、マウンテンゴリラは長い毛をしていますから、体毛ですっかり覆われてしまうと、遠くからでは見えません。そのため性別は子どものころには判別しにくく、間違ってしまうこともよくあります。動物園で飼育しているゴリラでさえわからないことがあるのですから、野生のゴリラではなおさら見分けがつきにくいのです。

当時パティは七歳。その年頃のオスゴリラは、少しずつ胸の筋肉が隆起してきて、体も徐々に大きくなっていく時期にあたります。しかしパティは同じ年頃のオスゴリラよりも小さめで、なおかつ丸っこい体つきをしていたので、よけいにメスのように見えていたのです。

パティがオスだとわかってすぐ、ダイアン・フォッシーに電報を打ちました。「パティはオス」と。フォッシーもそりゃあ驚いたと思いますよ。なにせ、パティという女の子らしい名前をつけたのは、フォッシーなのですから。実は、フォッシーは前にもメスの子どもに、オーガスタスというオスの名前をつけたことがあるのです。

名前に関しては、「男とわかったからには、やっぱり変えたほうがいいね」「じゃ、パトリックにする?」とカリソケのスタッフみんなで話し合い、表向きにはパティはパトリックに改名し、論文にはＰＴと記載することになりました。しかし、パティと長いこと呼び、慣れ親しんでいたため、仲間内ではずっとパティはパティのままだったのですけれど。

パティの性別がオスとわかったことで、この集団について、私は今いちど考えを見直し、まとめ直さねばならなくなりました。この集団は一頭のメスを多くのオスが取り囲んでいたのではなく、全員がオスだった。そして、オス同士で性行為を行っていた、ということなのです。

オスの同性愛行動

驚くべきことにこの集団の同性愛行動は、その後、パティとビツミーだけではなく、ほかの個体間にも広がっていきました。

パティよりもひとつ年少のタイタスがパティに代わって人気を集めるようになると、あらゆるオスがタイタスと性行動をしました。彼らは後背位や正常位で、腰を動かしながら「クルクルクル」という交尾音声も出して、射精もします。オスとメスの通常の交尾とそっくりです。さらにオス同士で相手のペニスをなめる行為もありました。

まるで相姦図のごとく、オスとオスが入り乱れて性行動をしている。こんな状況を私はこれまで見たことがありませんでした。しかも、性的な興奮が明らかに認められることにも驚きました。ゴリラのオスたちはよだれを流し、甲高い声を発しながら抱き合っていました。この集団を追った十一か月の間に、私が記録した同性愛行動は九十七例に及びます。集団に属した六頭のオスすべてが同性愛行動を示しました。

多くの場合、年長のオスが年少のオスの腰を抱えてスラストをしました。ピーナッツとビツミーの二頭のシルバーバックは、もっぱらオス役を演じ、メス役はしませんでした。しかし、残り四頭の若いオスたちは、オス役もすればメス役も演じていました。

特に、若いブラックバックのエイハブ、年少のパティとタイタスの間では、誰がメス役をするのか決まっておらず、役割をはっきりさせない複雑な性行動も見られました。たとえばエイハブとタイタスが抱き合ったときには、対面位と後背位を交互に繰り返しながら互いにスラストを行い、よだれを垂らしながら互いの肩や腕をかみ合いました。エイハブの顔の上にタイタスが馬乗りになったり、エイハブがタイタスのペニスを指でつまんで勃起させることもありました。こういった複雑な絡み合いは、オスとメスの交尾には見られません。

スラストを始めてから体を離すまでの持続時間は平均二分。異性間の交尾のおよそ二倍の時間がかかっています。これは、同性愛行動では交尾に比べてなかなか射精に至ることができないためだろうと思われます。

前述したように、ゴリラのオスが発情するのは、基本的には近くのメスが発情したときだけです。ところが、ピーナッツ集団にはメスは一頭もいませんでしたし、メスのいるほかの集団ともほとんどかかわりがありませんでした。彼らはメスの発情した声も匂いも感知していないのに、オス同士で発情していました。

「こんな行為が野生のゴリラに見られるとは」という驚きの思いで私は観察していました。「同性愛行動は、人間だけに見られるものではない」ということをピーナツ集団は示していました。

遊びと同性愛行動

帰国後も私は世界中の類人猿研究の論文をひもときつつ、オス同士の性行動について調査を続けました。

そのころ、カリソケでともに研究をしていた仲間のアメリカ人研究者のナドラーが、「ゴリラの幼児性行動」を研究していました。彼はゴリラの子どもたちが、性的な遊びを頻繁にしていることを発見したのです。

子どもたちにはまだ性ホルモンが分泌されていませんから、そこに性的な興奮はないのですが、交尾のまねごとをする。それは特にオスの子ども同士に多く起きる、ということがわかってきていました。

私自身も、まだ乳離れしたばかりのオスが遊びの中で性行為のまねごとのような行動をとった様子を観察したことがあります。

そのとき、ゴリラの子どもたちは小さな胸をたたき、取っ組み合って遊んでいました。その無邪気な様子は人間の幼児とそっくりです。ほのぼのとした思いで観察していたのですが、ふと目をやるとまだ四歳のオスが三歳のオスに近づき、その腰を抱いてスラストを始めたではありませんか。

このオスの子どもは小さな腰を小刻みに震わせながら、「クルクルクルクル」と弱々しいラブコールを上げていました。周りにいた子どもたちも興奮したような面持ちでこの行為を眺めていました。

交尾のまねごとは二十秒ほどで終わり、子どもたちは何事もなかったかのようにまた遊び始めましたが、私はこのできごとに驚かずにはいられませんでした。

子ども同士の性行動は、遊びの延長に見られます。遊びの中で始まるので、相手の性別は関係なく、オスとメスで行われることもあれば、オス同士のこともあります。ゴリラをはじめとして霊長類では一般的にメスの子どもよりもオスの子どものほうが、レスリングや追いかけっこといった社会的遊びをよく行い、遊びの相手として同性を選ぶ傾向にあります。

メスはオスのように活発に体を動かして遊ぶより、赤ん坊を相手に遊びます。人間でいうおままごとのような遊びが好きなのです。

性的な遊びはオス同士が取っ組み合って遊んでいるうちに派生していく、と考えられます。

ではなぜゴリラのオス同士の遊びは性的な行動に発展していくのでしょうか？

そもそも性交渉とは、優劣を解消する行為でもあります。性交渉においては、力の弱いメスが力の強いオスを誘ってイニシアチブをとることにも、その特徴は表れていますね。性交渉の場面では、力の弱いものが強いものをリードすることがあるのです。

この点に注目すれば、「もともと優劣を意識しない関係においては、性行動によって解消されるべき優劣がそもそもないので、性行動がより起きやすい」ということが成り立つと考えられます。

サル社会では、ゴリラに見られるようなオスの同性愛行動はめったに見られません。サルにもオス同士でマウンティングをし、交尾のように腰をスラストさせる行為は見られるのですが、このときに性的な興奮はありません。この場合のマウンティングはあくまで挨拶としての行為で、緊張を緩和する目的で行われています。

こういった行為は「ソシオ・セクシャル行動」、つまり「社会性行動」と呼ばれています。

私が観察したピーナッツ集団の、性的興奮の高まりを伴ったオス同士の行為とは全くの別物です。

サルの間にオス同士の性的興奮が伴う性行動が起きない理由は、サル社会の仕組みに理由があるからでしょう。

サルは普段から優劣を厳格に守りながら暮らしていますから、オス同士の間に非常に明確な順位づけがされています。劣位のサルが優位なサルに向かって性交渉を誘いかけ、優劣を解消して付き合うということはサル社会ではありえません。オス同士で性行為をしてしまうと、序列に混乱が起き、社会の崩壊を招きかねません。ですからサルはオス同士で性行為を行わないのです。

しかし、ゴリラはサルとは違って優劣を意識しません。集団の仲間は互いに対等な関係にあります。序列がなく共感能力も高いので、遊ぶのが上手です。そして遊んでいるうちに性行動に発展していきます。遊びも性行動も、相手の気持ちを汲み取る能力がないとできません。どちらかが恐怖心を起こしたら成り立たないものなのです。

ピーナッツ集団を観察していると、若いオスたちは時々メス役を演じていました。これは遊びにおける「ターン・テイキング」の機能と同じと考えられます。ターン・テイキングとは役割を交換すること。相手の気持ちを汲み取り、何を求められているかを感じる能力や、共感能力がないとできないことなのです。

面白いのは、メス役ができるのは若いゴリラだけということです。シルバーバックは決してメス役をやりません。ここから、ゴリラは大人になってしまうとメスのようには振舞えなくなってくる、ということがわかります。

この点に関しては、人間のほうがゴリラよりも自由度が高いと言えるでしょう。大人になっても、女性役をできる人間の男性はいるからです。女装したり、女性的な振る舞いや言葉づかいをするゲイ男性の同性愛者は、人間だけに見られるものだと思います。これは、霊長類でもっとも豊かな遊びの感性が人間に備わっていることとも無関係ではないでしょう。

性の世界と遊びの世界は紙一重です。遊びは自分を変えられるもの。そして性の世界も、相手により自分を変えるものです。女装をするゲイの男性たちは、人間社会では文化的に決められている「男性的な行動」や「女性的な行動」を、時々によって演じ分けるわけです。

ゴリラの場合、「オス的な行動」や「メス的な行動」は、文化ではなく生得的なものによって決められています。立派なシルバーバックの大人になってしまうと、なかなかそれが変えられなくなってくる、ということです。

人間は生物学的な違いこそ変えられないけれど、文化の力で男性性や女性性を変えてきたし、これからも変えていくでしょう。

人間は、相手の感情を理解したり、感情移入できる共感能力が極めて高いです。だから自分が生来的には男だとしても、文化的に女を装うことはできる。その逆もまたしかりで、生まれた性別は女でも、男になりきることもできるわけです。

相手との上下関係を決めずに、いろんな立場に立って、フレキシブルにやりとりをする遊びに関する高い能力を備えているから、人間はほかの動物よりも自由に性別を超えられるのです。

オスのゴリラのほうが社会的な遊びを好むと前述しましたが、この特徴は霊長類、特に類人猿に共通していて、人間も例外ではありません。やはり男性のほうが社会的な遊びを好みます。子どものころから取っ組み合ったり、ふざけ合ったりしますね。人間は友達との関係の中で、サルのような上下の区別をつけません。だから遊びが成り立ちます。ゴリラの遊びと同じように、人間も体力のあるほうが、ときにはへりくだって、わざと力の弱いほうに追いかけさせたりします。ここにもターン・テイキングが見られます。スムーズに役割を交代させるには、優劣の差があってはできない。人間は普段の暮らしの中で優劣の差をつけずに暮らしているから、できるのです。男性の同性愛行動の背景にも、この「優劣のなさ」があると考えられます。

同じ霊長類でも、ボノボやチンパンジーは、オス同士の間に優劣の差が歴然とあります。すると、オスの同性愛行動が大人になるにつれ目立たなくなる。けれども、人間とゴリラは、メスよりもオスの同性愛行動が目立つ。ということは、人間の同性愛の性質は、ゴリラと共通した性質なのではないか、と考えられます。

同性愛が起きる理由

人間の社会では、ホモセクシュアルな行為は古くから知られてきました。古代ギリシアでは、師と弟子の同性愛は知的な営みとして肯定されていました。

日本でも、平安時代から僧侶や公家が性的な対象を少年に求める「男色」が行われていました。江戸時代には武士の男色が「衆道《しゅどう》」と呼ばれるようになり、男色専門の売春宿（陰間茶屋）もありました。また、江戸城の大奥の女性たちは日常的に同性愛行動を行っていたそうです。

欧米でもキリスト教が男色を禁じたのは十二世紀以降のことです。それまでは男性同士の結婚が行われていたとか、聖人の中にも同性愛者がいたという報告もあります。

しかし、キリスト教は次第に同性愛を厳しく禁じるようになりました。近年になってようやく同性婚を法律的に認める国も増えてきましたが、長い間同性愛行為や同性愛者は差別の対象となってきました。

同性愛が起きるメカニズムについては、これまで様々な角度から説明が試みられてきました。欧米社会では、同性愛は精神病の一種であり、根気よく治療すれば治る、と信じられていた時代もありました。幼年時代の家庭環境に原因があるのではないかという意見や、そうではなく先天的なものであり、遺伝的な要因によるものだと主張する研究もありました。ホルモン異常が原因であるという説もあります。確かにこういった研究にもそれぞれ根拠がありますし、ひとつの真実であるのだろうと思います。

しかし、私は霊長類の研究を通して、人間には同性愛行動を起こしやすい性質が進化の遺産として受け継がれている、と考えるに至っています。人間に備わった遊びの能力や、優劣をつけない社会性を考えれば、同性愛の発現も不思議なものではないのです。

オスだけの集団のその後

ピーナツやビツミーが属した六頭からなるオス集団は、七年もの間、分裂せずにまとまって行動していました。これは驚くべきことです。彼らが集団であり続けられた背景には、同性愛行動が役立っていたことは言うまでもありません。性交渉はオスたちが互いに惹かれ合い、共存することに大きな役割を果たしていました。

あるとき、近くにいた別の集団のリーダーのシルバーバックが病死し、群れのリーダーを失った多くのメスと子どもたちがピーナツ集団に逃れてきました。これをきっかけとして、ピーナツ集団はついに分裂します。

シルバーバックのビツミーは、そのころ大人になり背中が白くなり始めていたタイタスとともにメスを受け入れ、新しい集団を作りました。

若いオスだったシリー、エイハブ、パティもまたそれぞれシルバーバックに成長していました。彼らはヒトリオスとなって集団を離れ、単独生活を送るようになりました。

彼らの中で、ちょっと変わっていたのはピーナツです。なんとピーナツは、再びオスの子どもたちばかりを集めて、新しいオス集団を形成したのです。ピーナツは、過去にメスと交尾をしたこともあります。そして子どもをもうけたこともあるのですが、他集団のシルバーバックにそのメスを奪われ、子どもを殺されてしまいました。

それからは、ピーナッツは結局二度とメスとは暮らさずに、血縁関係のないオスと集団をつくり、同性愛交渉を続けました。ピーナッツの新しい集団には、その後さらにほかの集団から若いオスたちが加入して、合計八頭に膨れ上がり、やはりオス同士の性行動が観察されています。

ピーナッツは、野生の世界では例外的に、同性愛を選んだオスだったのかもしれません。

第四章

家族の起源を探る

母系社会、父系社会

私が人類学や霊長類学に惹かれた理由のひとつに、人間特有の「家族」という集団について深く知りたかったから、ということがあります。この気持ちは今なお変わっていません。

家族は人間の社会に特有なもので、動物社会、特にサル社会には見られないものです。サル社会は前述したようにヒエラルキーの社会で、優劣が行動の原理になっています。強いものが勝ち、弱いものは負ける世界です。サルは誰かに恩を感じることも、感謝することもありません。

一方、人間社会に見られる家族は、サル的な優劣の原理とは違う行動原理で成り立っています。家族は互いに親密な関係にあり、相手に対していろいろな奉仕をします。家族は互いに見返りを求めずに、助け合おうとします。家族は簡単に言えば、身内をえこひいきする集団。親はわが子を、子どもは親を、また夫婦、兄弟も、互いを優先して優遇します。

人間はいつどのようにして、このような集団を作ったのか。そしてそれはなぜなのか。そういったことへの興味が、私の研究の根本にはあります。

家族の起源を辿るというテーマを、今西錦司さんは早くから掲げていました。一九五一年に発表された『人間以前の社会』という書物ではすでに、家族というものへの考察が主題となっています。

今西さんは、ゴリラの調査に乗り出した一九五八年当時、霊長類の中ではゴリラがもっとも人間に近い家族的な集団を作っていると考えました。ゴリラ研究が世界的にも進んでいなかった時代に、そう直感したんですね。そしてゴリラ社会を「類家族」と呼びました。今西さんは、人間ならではの家族という不思議な集団は、ゴリラのような類家族の状態から生み出されたはずだと考えていたのです。

その後研究が進み、今西さんの説は部分的に間違っていたことがわかってきています。ゴリラの集団の作られ方が、今西さんの予測していたものとは違っていたからです。今西さんはゴリラを母系社会だと思っていました。しかしゴリラはむしろ父系社会に近いことが今では突き止められています。

ここでいう母系、父系というのは、生まれ育った集団に娘が残るのかどうかで判断されます。

たとえばニホンザルの社会は母系社会です。ニホンザルの娘は、生まれ育った集団から生涯離れません。大人になっても自分の母親のそばで、つまりおばあちゃんと一緒に子育てをします。ニホンザルでは血縁関係のあるメスが家系グループを作って、群れの核となっているのです。一方、オスは思春期以降に群れを離れます。一時ヒトリザルとして過ごし、また群れに戻ってくるオスもいますし、ほかの群れに移動していくオスもいます。母系社会ではオスが群れから出たり入ったりするのが特徴です。

一方、ゴリラの社会は、非母系社会です。大人になると娘は母親のもとを去り、新しく出会ったオスと群れを作り、そこで子どもを生みます。ヒトリオスと出会って群れを作るパターンもありますし、すでに複数のメスを抱えているオスの群れに入っていくこともあります。いずれにせよ、メスは自分の近親者の存在しない新しい環境で、いちから新しい社会関係を作り上げていくことになります。

ですからゴリラの社会では、メスの社会性や繁殖における自律性が、群れの成り立ちに作用する重要なファクターとなります。ゴリラの社会では、ほかの集団からオスが移籍してくることはありません。集団から集団へ移動するのはいつもメスです。

メスにはヒトリゴリラのオスに見られるような単独生活を送る時期はありません。メスは常にまとまった集団で過ごしており、メスの移籍は集団と集団が出会ったときか、メスが所属する集団がヒトリゴリラのオスに出会ったときに起こります。メスは「いいな!」と思うオスに出会うと電光石火のごとく新しいオスのもとに走ります。移籍したメスは、その瞬間からそれまでとは全く違う仲間――新しい群れに前からいたほかのメスや、その子どもたち――と過ごすことになります。

ゴリラのメス同士は、同じ群れに属しながらも、あまり互いに干渉しません。特別仲良くもしないし、いがみ合いもしない。ちょうど、満員電車の中の他人のような関係です。たとえ背中合わせくらいの近さにいても、互いにあまり存在を気にしません。メス同士の連帯感もありません。その集団が嫌になれば、次の群れを見つけて出ていくという選択肢が、ゴリラのメスにはあるからだと思います。

ゴリラのメスがなぜ単独生活を送らないのかというのは非常に重要な問題です。たとえばオランウータンのメスはひとり歩きをします。チンパンジーのメスも、ひとりで遊動することもあればメス同士で仲良く一時的なグループを作ることもあります。ゴリラもオランウータンもチンパンジーも非母系社会であることは同じなのですが、メスの行動は違っているわけです。そして、メスの行動に対応してオスの集まり方が違ってくるのです。単独で暮らすオランウータンのオス、複数のメスを単独で囲うゴリラのオス、複数のメスと乱交的な関係を持ちながら複数のオスが共存するチンパンジーの群れ、というように。

後に詳述しますが、チンパンジーのメスは、発情すればお尻の性皮が赤く腫れて、発情期であることを知らしめます。すると多くのオスがそのメスの周りに群がり、競争するようになります。

しかし、ゴリラのメスはそのような特徴を示しません。ゴリラのメスたちは自分が所属する集団のリーダーオスとだけ交尾をします。ですから、複数のオスに対して自分の魅力を振りまく必要がないのです。

ゴリラのメスは、ひとりで生きることも、ほかのメスと主体的に群れをつくることも選ばず、あえてオスと暮らすことを選びます。ゴリラのメスは「一緒にいよう」と自分で決めたオスのそばにいる。生殖の相手を決めているのは常にメスのほうで、チンパンジーやオランウータンに比べても自立性が高いと言えるわけです。

ゴリラの集団は一頭のリーダーオスにたくさんのメスが集まる、単雄複雌のハレム型の集団です。家族に近いものと考えてよいでしょう。ゴリラの家族の中には縄張りはありません。しかし、集団同士は非常に敵対的です。集団同士が出会ったときに、メスの移籍が起こり得るからです。

前述したように、ゴリラだけでなく、オランウータンもチンパンジーも、類人猿はみな非母系社会、つまり父系社会なのですが、社会の作られ方は違います。

たとえばチンパンジーの集団は、ゴリラのように家族的ではありません。複数のオスと複数のメスが、集団の中でつかず離れず暮らしています。複数のオスが縄張りを持ち、そこにメスが来るのですが、メスは集団間を移動できます。一方、オスは行き来ができない。チンパンジーの集団は、地縁的な父系集団とも言えます。

では、人間はどうでしょうか。人間もまた、父系社会が基本となっています。女性はひとりで婚家に嫁いでいきますね。女性がお嫁に行くとき、じゃあ私の姉妹も母親もまとめて、夫となる男性の家に行きましょう、ということにはなりません。嫁いでいく女性はたいていの場合、ひとりで新しい家族に入っていき、そこで新しい関係性を作っていきます。

思春期になり生殖活動に参加できるようになったメスが生まれた集団を離れ、新しい集団に入っていくというのは、人間を含めて類人猿のメスに課せられた運命だと言えるでしょう。

しかし人間の集団や社会は、ゴリラともチンパンジーとも違います。人間は地域社会という大きなコミュニティの中に属しながら、同時に家族という集団にも属するという、非常に複雑な仕組みを作り上げています。

複数の家族が集まって共同体を作るということは、ほかの霊長類にはできないことです。なぜなら集団の論理と家族の論理は全く違っていて、本来は矛盾し、対立するものだからです。

ゴリラは自分の家族を優先するから、群れ同士が連合し協力する社会は作れない。チンパンジーは家族を解体する代わりに、集団を作っている。人間だけは集団と家族を両立させています。

しかし、また問題を複雑にしているのが、その両立は、必ずしもうまくいっているわけではないということ。人間の社会には、常に人間関係に起因するトラブルが起きています。人間の男女は、チンパンジーと同じように、複数のオスやメスと付き合いたいという欲望を持っています。しかし、ゴリラ型の家族の論理がそれを許しません。この矛盾を抱えたまま、人類は長い間、重層的な集団生活をしてきました。ある意味、非常に中途半端で、アンビバレンツな状態とも言えます。

では人間の家族はどのようにして形成されていったのでしょうか。

家族を持たないチンパンジー型の大きなコミュニティがまずあり、その後次第に家族ができあがっていったのか。それとも、集団同士互いに敵対するゴリラ型の家族がまずあり、その後、敵対性をなくしてコミュニティとしてまとまっていったのか。

家族の起源を辿るには、複数の視点からアプローチする必要があります。

オスの睾丸の大きさとメスの発情兆候

オスとメスの性的な関係を形成する上で重要なものとして、オスの睾丸の大きさがあります。

霊長類の種ごとにオスの体重と睾丸の重さの比率を調べると、チンパンジーのように複雄複雌の集団を作る種のほうが、ゴリラのように単雄複雌の集団を作る種より、明らかに睾丸が大きいことがわかります。

ゴリラのペニスや睾丸がとても小さくて、特に子どものころはオスなのかメスなのか判別するのも迷うほどだということは、前章でも述べたとおりです。ゴリラの睾丸は体重の〇・〇二パーセントしかありませんが、チンパンジーは〇・二七パーセント。ゴリラのおよそ十倍です。一回の射精で放出する精子の数は、ゴリラで五十一万、チンパンジーで六百三万（一ミリリットル当たり）と、その数にも大幅な開きがあります。

ゴリラのオスはリーダーとして集団を構えると、そこに所属するメスたちと独占的に交尾をします。だからゴリラのオスは精子が少なくても大丈夫。交尾の回数が少なくても、自分の遺伝子を残せます。

しかしチンパンジーは、複数のオスが同じメスと交尾をします。ですから、元気な精子をたくさん出して、精子同士で競争させる必要があるのです。これを「精子競争」と言います。

ゴリラは、オス同士が配偶関係の独占を認め合う状態にあります。一方で、チンパンジーはオス同士がそれを認めずに精子のレベルで競合している社会だと言えます。

霊長類のメスの体にも、オスとの交尾関係を決定する重要な性の特徴があります。それは性皮の存在です。性皮は「セクシュアルスキン」とも呼ばれるもので、陰部の周りに発達していて発情すると赤やピンクに腫れ上がります。ヒト科ではチンパンジー属だけにあって、オランウータンやヒトには欠落しています。ゴリラのメスはわずかに膨張しますが、オスが見て判断できるほどではありません。

性皮が膨張する種は複雄複雌の集団を作り、膨張しない種はペアや単雄複雌の集団を作ります。性皮を持つ種は、持たない種に比べて長く発情することもわかっています。

ゴリラなど性皮を持たない種は、メスが排卵日を含む二～三日しか発情しないので、交尾は妊娠に直結することが多いです。しかし、性皮を膨張させるチンパンジーのメスは、排卵日から遠く隔たった日にも発情兆候を示します。精子は膣の中でせいぜい七十二時間しか生き延びられないので、排卵日から四日以上離れれば受精させることはできません。にもかかわらず、たとえばチンパンジーのメスは二週間近くも性皮を腫らせているのです。要するに、わざと、受精につながらない日にも性皮を腫らせてオスを誘っているのですね。

これは、生まれてきた子どもの父親が誰なのかわかりにくくするためのメスの戦略と言われています。また、生殖に直接関係のない交尾を二週間にわたってするということは、もはやチンパンジー社会では交尾は繁殖のためだけのものではなく、別の社会的意義を持っているとも推測されます。

オスはメスの性皮が腫れていれば発情して交尾を行いますが、メスの排卵日がいつなのかは、オスにはわかりません。メスは排卵日の前後で性皮を膨張させて多くのオスを誘い、長期間にわたって交尾をすることで、どのオスにも繁殖成功の可能性を示唆しているのです。

チンパンジーの社会では、こういったメスの行動によって複数のオスが共存しつつ精子競争が高まって、睾丸サイズが大きくなったと考えられます。チンパンジーの交尾はわずか七秒と短いのですが、オスは一日に何十回と交尾をします。そしてメスは妊娠するまでに数百回から千回の交尾をするのです。

では、人間はどうでしょうか。ゴリラ型なのか、チンパンジー型なのか、気になるところですね。

人間の睾丸はゴリラよりは大きく、チンパンジーよりは小さいです。精子の密度も、ゴリラとチンパンジーのちょうど中間。これは、精子競争があるとも言えるし、ないとも言えます。

ここで解釈が二つに分かれます。まずひとつめは、人間の睾丸はかつてもっと大きかったが、男女がペアとなって生活するようになったために精子競争がなくなり、今のサイズまで小さくなったという説。

もうひとつは、もともとゴリラ並みに小さかったけれど、複数の家族が集まって集団を作るようになったとき、浮気という現象が起き始めたために精子競争をする必要が出てきて、次第に大きくなってきたとする説。

睾丸は化石に残るものではないので、真偽のほどは今なお明確ではありませんが、私は後者が正しいのではないか、と考えています。

さて、人間の女性の性の特徴についても考えてみましょう。

女性には性皮はありませんし、発情兆候も明らかではありません。性交渉は、排卵の時期に限定されているわけでもありません。性交渉の頻度や出産の時期に季節による偏りがあるとも言えません。

しかも、自分自身の排卵日を体でわかるという女性は少ない。排卵日を知ろうとすると、たいていの女性が毎朝寝起きに専用の体温計で体温を測定し、グラフに記録するという行動に出ます。人間はそういうことをしてやっと排卵日が特定できるんですね。これは霊長類としても動物としても特殊です。おそらくですが、ゴリラもチンパンジーも、人間以外の類人猿のメスはみんな自分自身の排卵日をわかっていると思います。排卵日であるかどうかで行動を変えているのが、観察していれば見てとれるからです。

人間の女性は類人猿の中でもっとも発情兆候のわかりにくいメスであると言えます。そして授乳中でも妊娠中でもオスとの性行為がなされる点は、人間に特異的です。

インセスト・タブー

人間社会の家族とは、複数の男女が共存しても、性の相手をめぐる葛藤が起こらないようにするための仕組みです。家族の中では、夫婦の間柄にあたる男女にのみ性行為が許され、それ以外の異性間には禁止されています。これが「インセスト・タブー」（近親間の性交渉の禁止）で、世界のどの文化や社会にも見られます。このタブーがあるために、血縁関係にある同性、特に親子は性の相手をめぐって競合することなしに平和に暮らすことができます。

十九世紀以来、文化人類学者たちは「人間は原始、乱婚の世界から出発した」と考えてきました。ちょうど、チンパンジー社会のようなものを思い浮かべたのでしょう。「人間は獣のように、親も兄弟も区別のないような性行為をし、その中からインセスト・タブーを文化的に作り上げていった。そして、制度として家族というものを作っていった」と考えました。

しかし、類人猿の研究が進んで、この仮説は覆されました。というのは、人間以外の動物にもインセストを回避する傾向が存在していることがわかったからです。人間社会に見られるインセスト・タブーは、社会の進化によってつくられた道徳規範ではなかったのです。むしろ、すでに遠い昔から備えられていたインセストを回避する性質を利用して、家族というものが創造されたのだと考えられます。

動物にもインセスト回避があることを突き止めたのは、日本の霊長類学者たちです。一九五〇年代に徳田喜三郎さんが京都市動物園で親子のサルの間には交尾が起こらないことを発見しました。その後、個体識別の進んだニホンザルの群れでも近親間に交尾が起こらないことが続々と確認されるようになりました。

動物の中には、生まれつき血縁を認知できる種がいます。たとえばカエル、うずら、ねずみは血縁の近い仲間を匂いや羽の柄で識別できる能力を持っています。

しかし、霊長類にはこういった能力はありません。生まれた直後に母親と引き離されてしまえば、誰が自分の母親なのか、もうわからなくなってしまいます。逆に言えば、霊長類は育ての親や一緒に育った仲間を血縁関係にあるように認知します。

ニホンザルの仲間で、スペイン南部やモロッコの森林に棲むバーバリマカクは、生まれたばかりの赤ん坊をオスが抱き上げて熱心に子育てをすることで有名です。赤ん坊とオスの間には血縁関係がないことが多く、若いオスや群れに入ってきたばかりのオスが熱心に子育てをします。赤ちゃんを抱いていれば、優位なオスから攻撃されずに済むし、メスからの人気が高まるからだと考えられています。

バーバリマカクのオスに世話をされたメスの赤ちゃんが思春期に達すると、このオスたちとの交尾を避けるようになることがわかっています。そこに血縁関係があろうとなかろうと、世話をしたものとされたものとの間には交尾は起きないのです。

ゴリラにもこのような交尾回避が見られます。ゴリラの赤ちゃんは、生まれて一年間くらいは常に母親と一緒にいます。母親は必ず自分の手の届くところに赤ん坊を置いていて、変なものを口に入れると手を入れて出してやるし、危険な場所に近づくと手でつかんで引き戻します。赤ちゃんは、半年間は母乳だけを飲み、その後少しずつ固形物を食べるようになります。しかし完全に乳離れするのは二歳半か三歳ごろです。

一歳を過ぎたころから、母親はほかのゴリラが自分の赤ちゃんに触ったり、抱き上げたりするのを許すようになります。そしてこのころ、母親は父親にも子どもを預けるようになるのです。

子どもの父親であるシルバーバックが休んでいるところへ、母親はわが子をそっと置いていきます。子どもは最初こそ母親の姿を探しますが、すぐに馴れてシルバーバックの背

子どもが１歳を過ぎたころ、母親は父親に子どもを預けるようになる。子どもは、シルバーバックの背中に乗ったり、つかまったりして遊ぶ。

中の上に乗ったり、つかまったりして遊びます。

シルバーバックはえらいもので、子どもたちにどんなことをされてもジーッとして動きません。顔を蹴られても、背中をすべり台にされても怒ることなく子どもたちを見守っています。子どもたちは少しずつ、母親を離れてシルバーバックになつくようになっていきます。

子どもがメスの場合は、思春期を迎えて発情するようになっても、父親であるシルバーバックとの間に交尾は起きません。子育てをする側とされる側に芽生えた親密さによって、交尾を回避する傾向がもたらされているのです。

ゴリラのメスは、自分の生まれ育った集団の中に父親以外の成熟したオスがいなければ、外の世界に関心を向けるようになり、やがてほかの群れのオスや、ヒトリオスのもとへ移籍していきます。父親との交尾回避が、ゴリラの娘の群れの離脱を促進する要因になっています。おそらく、初期の人類の家族でも似たようなことが起きていただろうと考えられます。

人類の「家族」は、初めはゴリラ型だった？

霊長類では、ペア生活を送る種はオスとメスの体格差が小さいという特徴があります。現代人は男性のほうが女性よりも大きいですが、その差は化石人類より小さくなっています。人間の体は進化とともにどんどん華奢《きゃしゃ》になり、性差が縮まっているのです。

二百万年前の人類は、まだ男性のほうが女性よりもずいぶん大きかったことがわかっています。体格に歴然とした性差があったのです。

その特徴から類推すると、二百万年前の人類が、一対一の男女がペアとなる社会を作っていたとは考えにくいです。そのころの人類の「家族」は、ゴリラのように単雄複雌のハレム型だったのではないか、と私は考えています。

さて、現代の人間社会では複数の男女が日常的に顔を合わせますが、チンパンジーのように乱交が許される社会ではありません。

かといって、ゴリラのように一頭のオスが複数のメスとの配偶関係を独占し、それを認め合っている社会でもありません。ちょうどその中間にあるように思えます。

人類は共通祖先から分かれたとき、ゴリラと共通する性の特徴を残して分かれていったのではないか、と私は考えています。一方、後に人類の共通祖先から分かれたチンパンジーは、人類やゴリラに見られない性の特徴を発達させた。

人間とチンパンジーの性の特徴の違いが、社会の違いにも反映されていると考えられます。

もっとも原始的な特徴を残すキツネザルやメガネザルなどの原猿類は、オスはみんな睾丸が小さく、メスも発情兆候が見られません。原猿類は単独生活をするか、オスとメスでペアを組みます。このことから、睾丸の小ささと発情兆候のなさは、オスとメスがペア生活をするための必要条件であると私は考えています。

チンパンジー社会の性のあり方は、進化の流れから見て、人間よりも進んでいると言えます。もはやオスとメスのペアは消滅し、家族は必要がなくなり、地縁的な集団だけがあるわけです。チンパンジーは後戻りできない乱交乱婚社会へと進化しているとも言えます。

人間の家族はゴリラの群れのような特徴を備えたかたちから出発したと考えていいでしょう。そして、次第に家族同士の対立が薄まっていき、家族と家族が協力し合うコミュニティが作られ、それが次第に発展していったのです。

社会における家族という集団には、「生殖において、誰もが平等である」という前提があります。集団内の生殖は保証されていて、性の相手も確保されています。これによって人間は互いに平等な意識を持ち、家族と家族が性において競合や衝突をしないで社会を作り上げていったとも考えられます。

ところで、現在のように男女一対一のペアを作るのがいつ当たり前のことになったのかは、まだはっきりとはわかっていません。それは今後の研究が明らかにしてくれることでしょう。

第五章

なぜゴリラは歌うのか

ニシローランドゴリラの研究が始まる

ゴリラには大きく分けてヒガシゴリラとニシゴリラがいて、これまでのゴリラ研究は世界的にもヒガシゴリラの中のマウンテンゴリラに集中していたことは、第一章で述べました。

ニシゴリラの大半を占めるニシローランドゴリラは赤道直下の熱帯雨林に生息していて、現在およそ二十万頭います。生息域が広いため個体数はゴリラの中でもっとも多いのですが、これまであまり研究がされてきませんでした。

その理由はニシローランドゴリラと人間との関係にあります。現地では古くからゴリラを食用として狩ってきた歴史があるため、この地域のゴリラは人間を特に恐れています。

ゴリラのオリジナルプレイスは、ニシローランドゴリラの棲む低地の熱帯雨林です。長い間、ゴリラのオリジナルプレイスがどこなのかわかっていませんでしたが、ここ十数年の間にＤＮＡ解析が進み、ニシローランドゴリラのほうが遺伝子の多様性が高いことが解明され、オリジナルプレイスの確定へとつながりました。

ニシローランドゴリラの研究は、欧米の研究チームを中心に、一九八〇年代から始められていました。でもなかなか思うように追跡できなかったので、彼らの研究の仕方は双眼鏡を使って遠くからゴリラを観察するという方法になりました。

熱帯雨林には「バイ」と呼ばれる、直径数百メートルから一キロメートルほどの大きな湿地帯があります。バイは森の憩いの場所となっていて、ゴリラだけではなくゾウやバッファローなど様々な動物たちがやってきます。動物たちはバイで水を飲んだり、水草を食べたりします。

バイは見晴らしのいい場所ですので、周辺から双眼鏡で見れば、ゴリラやそのほかの動物の行動を自然なままに観察できます。人間が近づくことがなければ動物たちにストレスを与えずに済みますし、人間から病原菌がうつることもありません。離れた場所からの観察にはこのようなメリットがあります。

しかし、この方法ではバイを訪れているときの動物の行動しか見ることができませんし、鳴き声を聞き取ることもできません。遠くから観察するだけは、野生動物の詳しい生態が明らかにならないのもまた事実です。

私がニシローランドゴリラの観察を始めたのは二〇〇二年です。ガボン共和国のムカラバ国立公園に入りました。私の調査方法は人づけを基本としますから、ニシローランドゴリラにも積極的に近づくことにしました。

しかし、ニシローランドゴリラの人づけはそう簡単ではありませんでした。警戒心を解くのに四~五年もの歳月がかかり、二〇〇七~〇八年ごろにやっと近づいて観察ができるようになりました。マウンテンゴリラならこの半分の期間で人づけができたでしょう。

ニシローランドゴリラとマウンテンゴリラとでは習性が違っていたこともあり、ずいぶん手間どってしまいました。

現在、私の研究室では二十一頭からなるニシローランドゴリラの群れを調査していて、それぞれの個体に名前もつけています。

低地に住むニシローランドゴリラと、高地に住むマウンテンゴリラの最大の違いは、食べているものの違いです。

マウンテンゴリラは、地上に生える草やかん木を主な食べ物としています。標高三千メートルを超える山々には、フルーツは限られた種類しかなりません。数も少ないです。マウンテンゴリラは雨季になると大好物のタケノコを一生懸命食べますが、それ以外の時期にはどこにでも生えている葉っぱや茎、樹木の皮などを食べています。

一方、ニシローランドゴリラはフルーツをよく食べます。チンパンジーと同じくらい、たくさんのフルーツを食べるのです。熱帯雨林にはフルーツを実らせる様々な木が生えています。ニシローランドゴリラは熟した実を選んで食べます。どんな季節にどのフルーツがいちばんおいしいのか、よく知っているようです。

フルーツを食べるか草や葉を食べるかで、生活にも違いが出てきます。まず、行動範囲が違います。草や葉は一年を通していつでも生えていて、そこらじゅうに広がっていますから、マウンテンゴリラはあまり広い範囲で移動しなくても食べ物が得られます。マウンテンゴリラは、オスなら一日当たり三十キログラム、メスなら一日に十八キログラムの植物性食物を食べます。

それだけの食べ物を求めて集団で歩き回るのですが、マウンテンゴリラが一日に移動する距離はせいぜい五百メートルから一キロメートルくらい。そう遠くまで探しにいかずとも食べ物が手に入るので、このような生活形態なのです。

フルーツをよく食べるニシローランドゴリラは、毎日二キロから四キロの距離を歩きます。マウンテンゴリラの二倍から八倍にあたりますね。彼らはおいしいフルーツがなっている木を探して遠くまで歩かないといけないから、移動距離も自然と長くなるのです。

行動範囲の違いは、それぞれの社会のあり方にも影響をもたらします。一日に少しずつしか動かないマウンテンゴリラに比べて、たくさん移動するニシローランドゴリラの場合、群れ同士が出会う回数がずいぶん多くなります。マウンテンゴリラが他集団と出会うのは、一か月に一回ほど。対してニシローランドゴリラはほとんど毎日、他集団と遭遇しているようです。

成長が遅い理由とは

ニシローランドゴリラのオスはヒガシゴリラのオスに比べて、成長がとても遅いことがわかってきました。同じ年齢のオス同士を比べてみたら、体格も行動も、ニシローランドゴリラはずいぶん子どもっぽいのです。印象では、ニシローランドゴリラのほうが成長のスピードが三歳以上遅れている、というところでしょうか。

これにはニシローランドゴリラの社会環境が関係していると思われます。ニシローランドゴリラは個体密度が高く、移動距離も長いので、頻繁に他集団と出会います。ということは、オス同士の喧嘩や対立が起きる頻度も高いということです。早く大人になってしまうと、大人同士の闘いに巻き込まれて傷つく恐れも大きいわけです。

これはマウンテンゴリラの例ですが、背中の毛が白くなり始めて立派なシルバーバックになってくると、オスは親元を離れます。まずはヒトリオスとして単独生活に入ります。初めて独り立ちするときのオスゴリラの様子は、とても心細そうです。生まれ育った集団に未練たっぷりなのがはっきりと見てわかります。

「まだ行きたくないなあ。でも仕方ないなあ」というように、少しずつ少しずつ、親の集団から離れていくのです。メスの場合はいいオスを見つけたら一瞬で集団を移籍するのですから、オスとメスではずいぶん違いがあるものです。

ゴリラのオスにとって、大人になるということは実はけっこう大変なことなのかもしれません。ニシローランドゴリラのオスは、大人になる速度を遅めて、生まれ育った集団の中で安全に暮らす時間を少しでも長く確保しようとしているのではないかと思います。社会環境が、オスの成育に影響を与えているのです。

社会環境が体に影響を与える例は、オランウータンにも見られます。

オランウータンのオスは、大人になると毛が長く伸びて頭はとんがり、顔の両側の肉ひだが張り出してきます。顔のでっぱりを「フランジ」と呼びます。

フランジのあるオスは、縄張りを持っています。喉には大きな袋があって、声を増幅します。「ロングコール」と言われる大きな声を出して自分の縄張りにメスを引き寄せ、交尾をします。フランジのあるオスはほかのオスと敵対する関係にあります。

実は、どんなオランウータンのオスも大人になればフランジが発現するわけではありません。なかには、十分成熟しているのにフランジを持たない、「アンフランジ」と呼ばれるオスがいるのです。

アンフランジのオスは、見た目には若くて未熟なオスにも見えます。自分の縄張りも持っていません。フランジのオスとは違って、ロングコールを発しません。アンフランジのオスは、メスを呼び寄せずに、メスの近くをうろうろして、出会ったメスに交尾を強要します。メスが抵抗しても、ほとんどレイプに近いやり方で交尾をしてしまいます。

アンフランジのオスはなぜフランジを作らないのでしょうか？　それは、フランジのあるオス、つまり縄張りを持っている強いオスからの攻撃をかわすためです。アンフランジのオスは若く見えるせいか、フランジのオスは相手にしません。アンフランジのオスは、フランジのオスの裏をかくようなかたちで、自由に縄張り間を移動して、そこにいるメスと交尾をしてしまうわけです。

オスがフランジを持つか持たないかは、社会的な状況に関係することがわかっています。近くにフランジのオスがいる場合、若いオスはなかなかフランジを発達させません。しかし、フランジのオスがいなくなれば、それまでアンフランジだったオスも急速にフランジを発達させるのです。

このように、社会的な環境が要因となって個体の体に変化が起きることがあります。ニシローランドゴリラのオスの成長の遅さも、社会的環境が影響しているのではないか、と私は思っています。

さて、ニシローランドゴリラの研究を進めていると、同じゴリラといってもマウンテンゴリラとはずいぶん違うなあ、と感じることがあります。わかりやすい例として、メスの性格についての話があります。

マウンテンゴリラのメスは、たいていリーダーのオスの陰に隠れています。マウンテンゴリラでは、集団の動きを決めるのは常にリーダーのシルバーバックです。メスも子どもも、シルバーバックの指示に従って行動します。ですから、観察するためにはリーダーのオスに狙いを絞って人づけをするのがコツです。リーダーにさえ認めてもらえば、群れのほかのメンバーも私を受け入れてくれるようになります。

ニシローランドゴリラに対しても私はその作戦をとりました。群れのオスに近づき、姿を見せて、馴れてもらおうとしました。しかし、見事に失敗してしまいました。マウンテンゴリラを相手に培ってきた私のノウハウは、ニシローランドゴリラには通用しなかったのです。なんと、私はメスのゴリラに襲われて、大けがをするという事態に見舞われました。そのメスは私のことが気に入らなかったとみえて、リーダーオスの判断を待たずに私に向かってきました。ニシローランドゴリラのメスは、マウンテンゴリラのメスに比べてずいぶん行動力があるようです。

同じゴリラとはいえ、こんなにも性格が違うのか。そしてその違いはどこからやってくるのだろうかと、傷を負いながらも私は深く感じ入ってしまいました。

ゴリラは歌う

最新の研究で、ニシローランドゴリラは特定の状況で歌うということがわかってきました。ゴリラの歌には、主に「フート」と「シンギング」「ハミング」などの種類があります。

フートは、「ホーホッホッホッホ、ホーホッホッホッホ」というように聞こえます。フートは、離れたもの同士が鳴き合うときに使われる歌声です。離れて互いに姿が見えないときに、互いを確かめ合うために出す鳴き声ではないかと考えられています。

「ここにいるよ」と知らせるために鳴くこともありますし、あるいはちょっと悲しげに「僕を置いていかないで」というふうに聞こえることもあります。また、威嚇するときや警告するときにも出される音声です。

ニシローランドゴリラではオスにもメスにも、大人にも子どもにもフートが見られるのですが、マウンテンゴリラは大人のオスしかフートを発しません。

マウンテンゴリラはいつも集団でまとまっていて、離れることがありませんから、互いの存在を確認し合うためのフートが必要ではなくなったのでしょう。もともとはマウンテンゴリラも全員がフートをしていたのかもしれませんが、その習性は大人のオス以外にはもう残っていない、と考えることができます。

フートは人間の鼻歌（ハミング）のように聞こえることがあります。私は、かつてマウンテンゴリラのヒトリオスのフートを聞いたことがあります。その歌声はとてものびやかで、まるでヨーロッパの民謡のように聞こえました。初めてフートを聞いたとき、私は近くに誰か人間がいて、西洋の歌を歌っているのかと思ったほどです。人間の歌声とはちょっと違うけれども、同じようなメロディもあります。

マウンテンゴリラのフートは、仲間に聞かせることが目的ではないのか、ほかの個体からの応答はありませんでした。めったに聞けないので、はっきりしたことはわからないのですが、自分のそのときの気持ちが思わずメロディになって口から漏れ出るのではないか、と思います。

ひとりで行動するオスは、孤独です。群れを離れてしまうとほかの群れからも相手にされないし、ヒトリゴリラ同士の付き合いもほとんどありません。だから、寂しいときに自分を勇気づけるために、あるいは楽しくなるために歌うのかもしれないな、とも思います。歌でも歌わなければ、不安で仕方ないときがゴリラにもあるのかもしれませんね。

シンギングというのは、満足音です。「ホォー、ホォホォー」と高音で歌っているように聞こえます。鼻ではなく、喉で響かせている声です。音の高低がめまぐるしく変わり、濁音なども入ります。シンギングは、主に自分の群れの中で交わす声です。

シンギングをするのはマウンテンゴリラでもニシローランドゴリラでも子どもだけです。

ハミングは、ゲップ音に近い音です。マウンテンゴリラもニシローランドゴリラも、性別には関係なく子どもから大人までみんなが出す声です。たとえば、みんなで集まり、食事が始まるとハミングが始まります。

ハミングは「みんなに食べ物がいきわたって満足したな」ということを確認し合うため

の行動だと考えられます。「おいしいね」「みんな幸せだね」ということをみんなで歌っているような感じがします。緊張のあるときはハミングは聞かれません。また、自分だけが食べ物を持っているときにも、ハミングはありません。

ニシローランドゴリラはヒガシゴリラに比べて歌う頻度が高いです。これは、果実を好んで食べることと、活動範囲が広いことが理由にあるのではないかと私は考えています。

フルーツを求めてニシローランドゴリラたちは歩き回り、木に登ります。ニシローランドゴリラはいつもまとまりよく集団で移動しますが、個々で果物を探すためにいったん分散します。みんな近くにいるとはいえ、緑生い茂る深い森の中で全員が今どこにいるのか、常に把握するのは難しいでしょう。そのため「僕はここにいるよ」「私はここよ」と歌うのではないかと私は考えています。

ゴリラはもともと、表情の豊かな生き物です。互いの目をじっと見つめ合う、フェイス・トゥ・フェイスのコミュニケーションを好みます。マウンテンゴリラは地上にいることが多く、互いの顔がよく見えるので、表情によって気持ちを共有できていて、歌う必要がないのでしょう。

でも、木に登って食事をすることもあるニシローランドゴリラは、葉の陰に隠れて時々互いの顔が見えにくくなります。そんなとき、ニシローランドゴリラは、歌うことによって共鳴し合っているのではないでしょうか。

ゴリラは言葉を持ちませんが、いろいろな方法で気持ちを伝え合っています。表情や歌が、ゴリラにとっての表現方法です。言葉はなくても歌があるから、ニシローランドゴリラはまとまりのよい集団を形成できているのです。

現段階ではゴリラには数種類の歌声があることがわかっていますが、それぞれの違いや機能についての詳細は、今後の研究によって明らかになっていくでしょう。

食べ物を分け合うという行動

サルの社会では、劣位な個体は優位な個体の目の前ではものを食べることはありません。食べているところを見られると、優位なサルに食べ物を取られてしまうからです。食べるときは分散して、互いに目が合わないようにします。サルの社会では、相手の目を見ることは威嚇を表すからです。

しかしゴリラはじっと見つめ合って、挨拶をします。視線を合わせることはゴリラにとっては大切なコミュニケーションです。食事をするときにも、ゴリラは互いの顔が確認できる距離で集まっています。まるで人間が大勢で食卓を囲んでいるかのような情景です。子どものゴリラが、大人のゴリラに「それ、ちょうだい」とねだって、食べ物を分けてもらうこともあります。ゴリラには優劣の意識がないから、平和的に食事をすることができるのです。

サルは食べ物を分け合うことはありません。しかし、ゴリラは食べ物を分け合います。ゴリラが食べ物を分けるときは、相手の前にぽん、と置いてあげるのです。面白いですね。食べ物を分け合うのは、チンパンジーも同じです。

しかし、ゴリラのように食べ物を前に置くという行儀のいいやり方ではありません。チンパンジーは、食べ物を手に持っている個体や、口にくわえている個体に近づいて、片手を差し出したり、自分の手を相手の口に当てたりします。ときには、相手の口から直接食べ物を取り出してしまうのです。

これはチンパンジーの「物乞い行動」と名づけられています。物乞いをするのは劣位のチンパンジーで、優位なものから食べ物を分け与えられます。チンパンジーが物乞いをするとき、劣位なものが優位なものの顔を覗き込むことがあります。その様子は、子どものゴリラが大人のゴリラに食べ物をねだる様子とそっくりです。

面白いのは、ゴリラもチンパンジーも、ねだるほうは劣位を示すような表情を浮かべない点です。互いの優劣を表現せずに、食べ物のやりとりについて交渉しているのです。ゴリラもチンパンジーも、食べ物をねだられたほうはすぐには応じませんが、そのうち観念したように分け与えることがあります。強いものが弱いものに食べ物を分け与えるということの行為は、類人猿に特徴的なものです。

大人のゴリラや優位なチンパンジーが自分よりも弱いものの要求を受け入れて譲歩するのは、自分の社会的地位やメンツを保つために彼らの協力が必要であることを知っているからです。類人猿は、食べ物を社会関係の維持や強化のために使っているのだと言うことができます。

私たちの最新の研究では、ニシローランドゴリラでは大人同士でも食べ物を分け合っていることがわかりました。これは驚きの発見です。というのも、食べ物の分配は養育者と子ども、優位なものと劣位なものとの間に起きるものだと、これまでは考えられてきたからです。

ニシローランドゴリラが大人同士でも分配行動をする背景には、彼らがフルーツを好んで食べていることが関係していると思われます。熱帯雨林といえども、フルーツは年じゅう手に入るものではありません。数も多くはありません。フルーツはニシローランドゴリラにとって希少なものです。

「トレキュリア・アフリカーナ」という名前のフルーツがあります。フットボールほどにもなる、大きな実です。このフルーツはニシローランドゴリラの大好物なのですが、年に一度か二度しか実をつけません。貴重で栄養価の高いフルーツです。ニシローランドゴリラは、トレキュリア・アフリカーナが手に入ったときには仲間で分け合うことがあります。

私が観察したときは、一頭のシルバーバックがトレキュリア・アフリカーナを手にしていました。この実は非常に硬く、子どもの力では扱えません。大人の握力が必要で、少しずつちぎって食べます。シルバーバックはトレキュリア・アフリカーナをちぎっては、自分の周りに落とし、子どもやメスにそれを取らせていました。

食物分配という行為は、子育てと深いかかわりがあります。母親が子どもへ口移しで行ったのが、最初の食物分配でしょう。離乳後にもなかなか自分で食べ物を見つけられない子どもには、養育者が食べ物を分け与えます。それがだんだん発展していき、大人の間にも食べ物の分配が行われるようになったのではないかという仮説があります。

これは、霊長類が育てている子どもに食べ物を与える行動を転用して、大人同士でも食べ物を分かち合うことで社会関係の維持を行うようになったということです。

さて、人間は、ゴリラ以上に食べ物をコミュニケーションの手段として多用しています。ゴリラは近親間や血縁関係のある者同士でしか食べ物の分配をしませんが、人間は、さらに進んで、見知らぬ相手とも食卓をともにし、食べ物を分かち合うことができます。

食べ物の分配行動は、人間性や、人間の社会の要となるもののひとつだと言えるでしょう。

第六章

言語以前のコミュニケーションと社会性の進化

言語が生まれた背景には、家族の成立がある

現代社会に生きる私たちは、誰もが言語を使っています。地球上すべての国、いたるところで、言語が流通し、人々は言葉によってコミュニケーションを成り立たせています。言葉はとても便利なものです。言葉がない生活を想像しようとしても、なかなかできるものではありません。人間は共存するために言語を用いています。

人間が生きるために不可欠と思われる言語ですが、言語が生まれたのは人類が誕生してからずっと後の時代のことです。現在知られている人類のもっとも古い化石は、チャド共和国で発掘された七百万年前のサヘラントロプス・チャデンシスで、すでに直立二足歩行を始めていたと推測されています。このころの初期人類は言葉を持っていなかったと考えられています。

言語がいつできたのかについては様々な論があります。三十万年前以降のネアンデルタール人の時代にできたという説。二十万年前に現世人類が登場しますが、言語ができたのはそれ以後のわずか数万年前にすぎないという説。

言語の誕生の歴史はまだ詳細にはわかっていませんが、いずれにせよ、人類は誕生して

以来、数百万年もの間、言葉を使わずに暮らしていたことは間違いないと言えます。

では、言葉が生まれるきっかけとは何だったのでしょうか。「進化の過程で脳が大きくなったからでは？」と思う人もいるでしょう。確かにそうなのですが、脳が大きくなるにつれて自動的に言葉が生まれたとは言えません。

というのも、人類の脳は二百万年前に大きくなり始め、六十万年前にはすでに現代人と同じ容量に達していました。つまり、ネアンデルタール人が登場するより三十万年も前に、人類の脳は完成していたのですが、このころはまだ言語は生まれていなかったのです。

ということは、人類が言語を使い始めたのは脳が物理的に大きくなったからというよりも、あるときを境に言語を利用する必要性に迫られたからと言えます。

そして私は、人類が言語を使うようになった理由には、人類特有の「家族」という不思議な社会単位が関係していると考えています。

人類の進化と食料革命

人類は進化の大半を言語を持たずに歩んできました。しかし、あるとき、これまでにない複雑なコミュニケーションを仲間内でとる必要が出てきました。人類が生きるためにもっとも必要なもの――つまり、食料を獲得するためです。

人類の祖先はもともとアフリカ大陸の熱帯雨林で生活していたと考えられています。まさにゴリラの現在の分布域と同じですね。しかし気候変動で熱帯雨林が縮小したことが原因で、私たちの祖先は疎開林へ、そして草原へ進出しました。

チンパンジーやゴリラは熱帯雨林に残りましたが、私たちの祖先はほかの類人猿と共生することができず、食料豊かな森を離れてより苛酷な環境へと身を置くことを選んだのです。そして、その選択をしたからこそ、人類は生き延びるために進化を遂げていきます。言語も、その流れの中で生まれたのです。

ところで、人類の歴史を振り返ると、これまでに四度の食料革命がありました。

第一の食料革命は「食物の運搬」です。人類は仲間同士で安全に分け合うために、食べ物を持ち運びます。これはほかの類人猿には見られない行動です。

人類は、熱帯雨林から草原へと出ていったころにこの能力を獲得しました。手を伸ばせばフルーツや木の実が食べられる熱帯雨林とは違い、疎開林や草原には食物が分散しています。そのため、食物を集めて持ち帰らなければなりません。疎開林や草原での生活と、食物を持ち運ぶという行動とによって、人類には次の二つの特徴が備えられていきます。

「直立二足歩行」と「多産」です。

広い場所に分散した食物を集めて運ぶには、直立二足歩行が適しています。しかし、直立二足歩行は四足歩行に比べてゆっくりしたペースで歩くことになります。また、体格差によって歩くスピードに差が出やすいというデメリットもあります。草原には、人間を狙う肉食獣などの外敵も多く、危険です。集団で食物を探してうろうろするなんて、悠長なことをしていると、特に体力のない子どもなどは真っ先に襲われてしまうでしょう。

ですから、人類は役割分担を始めました。集団の一部が代表して食物を採りにいき、収穫物を安全な場所まで運んで皆で分け合って食べるという行動をとるようになっていったのです。

また、肉食獣からよく襲われていた人類は、子どもをひとりでも多く生き残らせるために、多産の道を選びました。これはほかの類人猿とは異なる、非常に人間らしい特徴のひとつです。

たとえばゴリラは出産すると三年間は母親がつきっきりでわが子を抱え、育てます。その間、母親は発情することはありません。これは、授乳中にはプロラクチンというホルモンが出て、発情が抑えられるからです。

しかし、人間は違います。人間の赤ん坊の離乳はゴリラに比べてずいぶん早いのです。これは、早く母乳を切り上げて女性の排卵を促し、妊娠能力を回復させるためです。女性の体は、出産間隔を縮めて次々に子どもを産めるように進化していったのです。

また、二足歩行は子どもの成長過程にも影響を与えました。二足歩行をするようになると骨盤の形状が変化し、産道が狭まります。その結果、胎児は母親のおなかの中で脳を大きくすることができなくなりました。ですから人間の赤ちゃんは、小さな脳のまま生まれてきて、生後何年もかけて脳を成長させます。

ほかの類人猿に比べて、人間の赤ちゃんはとても成長が遅いです。類人猿の脳は四歳になるまでに新生児の時代から二倍の大きさになって完成しますが、人間の脳は六歳までに九〇パーセントに達し、十二歳でようやく完成します。人間はずいぶん不完全な状態で生まれてくるのです。

かつて人類は常に、手のかかる幼児や赤ん坊を数多く抱える生活をしていたと考えられます。このことは、人間特有の「家族」や「言葉」の成り立ちを考える上でも非常に重要な要素です。

肉食を開始した後、脳が発達した

続いて、第二の食料革命として「肉食革命」が起きます。チンパンジーでも時折サルなどの動物を捕らえて食べるのですから、初期の人類も少しは肉を食べていたことでしょう。肉食が増えたのは、ライオンやハイエナなどの肉食動物が狩猟した獲物の死肉を利用し始めたためだと考えられます。人類は、自分では仕留められない獲物の肉を食べるために、木や石を投げて肉食獣を追い払い、獲物をかすめ取っていたはずです。

肉はわずかな量で十分なエネルギーが摂れる栄養価の高い食べ物です。葉やフルーツなど比べものにならない効率のよさです。それに、たとえば骨髄なら持ち運びもしやすい。ただ、動物の骨は人間の歯では砕くことができませんから、道具が必要となってきます。初期の人類の用いていた石器は、肉を切り裂き、骨を砕いて中の骨髄を食べるために使われていたのだと思います。

肉を食べ始めてから人類には余裕が生まれました。食べ物を採取する時間が減ったからです。余った時間は社会行動にあてられ、さらに進化が促されます。また、肉食は身体的な変化をもたらしました。肉という良質な食物が利用できたおかげで、余分なエネルギーを脳の成長と維持に回せるようになったのです。その結果、人類の脳は大きくなっていきます。これがおよそ二百万年前です。

また、このころ人類は火を使い始めます。これが第三の革命、「調理革命」につながります。

当時、人類が暮らしていたアフリカの大地には多くの火山がありました。野火は日常茶飯事だったことでしょう。たとえ火山が噴火せずとも、雷などの自然現象で、草原の自然発火は多かったことと想像できます。野火の起きた後の草原には、焼け死んだ動物たちの肉があったはず。そういったことがきっかけで、火の通った肉を人類は食べるようになったと考えられます。

焼いた肉は生の肉に比べてずっと消化しやすいですし、肉をたたいたり切り刻んだりして柔らかく消化しやすいように加工したでしょう。さらに、人類は火と調理によって消化効率を高め、身体的にも社会的にも進化を遂げていきました。

火を通すと、肉だけではなく植物性の食物も食べやすくなります。たとえばでんぷんは生のままでは消化されにくく、また有毒物質を含むこともありますが、火を通すことで栄養素に変わります。調理をすることで多くの有毒植物を食べられるようになり、人間の食域はぐんと広がりました。

第四の食料革命は、農耕と牧畜です。食料を自ら生産するようになり、人類は大きく進化を加速させました。この最後の革命は、せいぜい一万数千年前に起きたものです。歴史的にはずいぶん新しい革命です。この第四の食料革命が起きる以前に、人間のほとんどの感性や社会性はできあがっていたと私は考えています。

子守唄が言葉のもとになった

さて、話題を「言語」に戻しましょう。私は、言語のもととなったのは、大人が赤ん坊や幼児をあやすときに使う「子守唄」だと考えています。

先に述べたように、草原に進出した人類は、二足歩行と多産の道を歩みました。ほかの類人猿に比べても成長が遅く、手のかかる人間の子どもを守り育てるためには、母親ひとりの手だけによらない、共同での保育が必要だったと考えられます。そしてこのころ、新たなコミュニケーションが必要になってきたのだと思います。それが子守唄です。

次々に出産する人間の母親は、一人の子どもにつきっきりではいられません。目を離すときももちろんあります。すると赤ん坊はわんわん声をあげて泣きます。ゴリラの子どもは泣いたりしませんが、それは常に母親に抱かれているからです。安心感があれば類人猿の赤ん坊は泣かないわけです。目を離さざるを得ない人間の母親たちは、泣いている子どもに向けて音声で「ここにいるよ、安心してね」というメッセージを伝えました。それは音楽的なメロディを伴っていたと考えられます。想像するに、母親だけではなく、みんなで歌ったのではないでしょうか。みんなで同じ調子で歌うことで共感を生み、赤ん坊に安心感を伝えるためです。

ちなみに、赤ん坊に対する発話は、現代人のどの社会のどの文化でも同じような抑揚があると言われています。高音で、ゆったりとしていて、繰り返しが多い音声です。これは、人間の子どもが絶対音感を持って生まれてくるという特徴に関係しています。生まれたばかりの赤ん坊は、当然ですが言葉を理解していません。赤ん坊は、抑揚だけを聞いています。言葉を音の連なりとして聞いているので、メロディに近い。国や文化によって使う言語は違っても、人間の赤ん坊が安心を感じる声の抑揚はみな同じ、ということなのです。ですから、人類最初の子守唄も、きっとそのような抑揚をしていたはずだと思います。

子守唄から始まった音声によるコミュニケーションは、最初は大人が子どもに向けて発するものでした。しかしそれが次第に大人同士にも敷衍《ふえん》されていきます。一緒に歌を歌うというような音声的コミュニケーションには、人間の共感能力を高める機能があります。一致して協力する行動を生み出し、複数の人間が一体となって、ひとつの目標に向かって歩むことが可能になったのです。注意すべきは、これがまだ言語ではないこと。言語に至る前に、人類には歌や踊りといった音楽的なコミュニケーションが共有されていただろう、と私は推論しているのです。

このころの人類の暮らしは、男性たちが食料採取に出かけ、女性は安全な場所で待ちながら子どもたちを育てる、という形式だったと考えられます。男性を保護者とし、特定の女性とその子どもたちが連合して家族を作りました。女性は閉経すると、次世代の出産や育児を手伝ったでしょう。これがきっかけとなり、家族同士の交流が生まれ、共同体が出現します。

人類は子育ての必要性から「家族」を作り、「共同体」を作りました。そして、次第に集団規模を増大させていったのだと考えられます。子どもを一緒に育てようと思う心が、大人に普及していった。それが人類の家族の出発点なのです。

さて、男性たちが狩猟や採取に出かけている間、女性や子どもたちは食べ物が届けられるのを待っていました。待つという行為には、高度な共感能力が必要です。「何日かかろうと、何週間かかろうと、彼らは自分たちのために食料を持って帰ってくるはずだ」という信頼感を持たなければならないからです。

人間は仲間がいったん目の前から消えても、集団のアイデンティティを失わないという複雑な社会関係を作っていきました。この社会性は、おそらく六十万年前には完成していたと考えられますが、このときまだ言葉は存在していません。言語を使うずっと前から、人類は共感に基づいた共同生活を行っていたのです。

言語の創生と社会脳の発達

人間は言葉を使わずとも、ある程度までは共同作業ができるし、一致団結してひとつの目標に向かうことができます。そのことは、スポーツの事例を見れば明らかです。

サッカーは十一人、ラグビーは十五人でチームを作りますね。選手たちは毎日顔を合わせ、ともに練習をするうちに、互いの性格や癖を熟知していきます。すると、仲間が何を考え、どうしたいのかが自然に読み取れるようになってきます。白熱する試合の間、選手同士は声は交わすけれど、ほとんど言葉を交わしませんね。目配せや、実際の行動で自分のやりたいことを示します。

仲間はチームメイトがやりたいことを瞬時に察知して、それに合った行動をとります。その行動を見て、また別のチームメイトが行動をつなぐ……。これがチームワークで、ここに言葉は必要ありません。このような集団を「共鳴集団」と言います。

共鳴集団は十人から十五人で、言葉を使わずとも理解し合い、信頼し合い、行動をともにできます。人間社会において、スポーツのチーム以外で、この規模の集団というと家族ですね。家族は昔から多くてせいぜい十人から十五人程度。無条件に信頼し合っている集団です。

共鳴集団の最大の特徴は、フェイス・トゥ・フェイスのコミュニケーションと言えます。みんな、ほとんど毎日互いの顔を見ている。それが、共鳴するためには必要条件だと言えるでしょう。共鳴集団に属しているメンバーは、互いの後ろ姿を見るだけで、相手の気分がわかるものです。

ゴリラの集団も平均サイズが十頭前後です。言葉はなくとも非常にまとまりのいい集団です。ちょうど、共鳴集団の範囲に収まっているのです。この程度の人数なら、言葉はいらないということが、ここでも証明されているわけです。

瞳によるコミュニケーション

ところで、ゴリラには言葉がありませんが、彼らはコミュニケーションを上手にとっています。顔を突き合わせ、見つめ合って意思の疎通を図ります。目を合わせるとき、ゴリラは人間同士がやるよりもずっと顔を近づけます。これはなぜかというと、目の構造と関係するのです。

人間には白目がありますが、類人猿にはありません。サルにも白目はありません。霊長類の中で唯一、人間だけが白目を持っています。白目というのは、実は感情表現において重要な役割を果たしています。人間は白目の動きを通して、相手の心の動きをつかむのです。黒目ばかりの瞳だと何を考えているのかわからないのですが、白目があると表情が出るのです。

目は、本来急所で隠したい部分なので、ほかの霊長類には白目がありません。カモフラージュするためです。白目があると、視線がどちらを向いているのかもわかってしまうので、行動が読めてしまいます。これはコミュニケーションには有効なのですが、捕食者に対峙《たいじ》するときには大変なデメリットです。

人類は進化の過程で道具を使用するなどしてほかの動物の脅威から身を守る術を得ましたから、白目のデメリットが低下しました。視線をカモフラージュするよりも、白目を活用した視線によるコミュニケーション能力を進化させたのです。白目があれば、その人が何を今見ていて、何を考えているのかを集団内で理解し合い、共有できるからです。

白目を活用するコミュニケーションには相手との程よい距離が必要です。あまり顔を近づけすぎると、逆にわからなくなってしまうんですね。だから人間はゴリラほど顔を寄せ合わずに対面するのです。

「目は口ほどにものを言う」ということわざがありますが、まさにそのとおりで、人類は言葉を生み出す前には、瞳を重要なコミュニケーションの道具として利用していたはずです。

脳の発達は集団規模と比例する

三十人から五十人になる集団が、共鳴集団の次に大きい集団です。これは、ちょうど宗教の布教集団や軍隊の小隊の規模に等しいです。会社のひとつの部署や、学校のひとつのクラスもこのくらいの人数でしょうか。

この程度の規模ですと、互いの顔や名前を知っており、性格も熟知できます。この集団の特徴は、心をひとつにできるということ。気持ちを共有できるのです。みんなで一丸となって、同じ目標を分かち合えます。

この規模でもまだ言葉は必要ではありません。音楽や踊りなどの音楽的コミュニケーションがあれば維持できる規模です。ちょうど草原に出ていった人類が、複数の家族で共同体を形成した時期も、ひとつの集団はこの規模だっただろうと考えられます。共鳴集団ほどの阿吽《あうん》の呼吸はないけれど、音楽的コミュニケーションを通して、意思の疎通をしていたでしょう。

さらに人数が増えると百人から百五十人の集団ができます。これは信頼できるコミュニティとして最大の規模で、互いの顔と名前が一致する関係性の上限人数です。百五十人という人数は、人類学では「マジックナンバー」と言われています。狩猟採集民の「ピグミー」と呼ばれる人々は、現在でも複数の家族からなる「バンド」と呼ばれる集団を作っています。この集団の規模が百五十人程度なのです。

百五十人以上となると、人の顔や名前を一致させて認識することは難しくなり、何らかの指標が必要となります。たとえば「どこどこの学校に通っている誰々さん」というふうに、レッテルを貼らないと覚えられなくなるのです。

集団が拡大するにつれ、多くの人間と情報を交換する必要が出てきて、より複雑なコミュニケーション能力が必要となってきます。

イギリスの人類学者であるロビン・ダンバーは、「人間に限らず、霊長類の脳の発達は、集団規模と正比例する」という仮説を立てています。集団規模が大きくなれば、脳は大きくなるとダンバーは言います。脳が大きくなった理由は、社会的な複雑さに対応するためだ、と。つまり私たちの脳は「社会脳」だと主張しています。

人類の脳が大きくなり始めたのは二百万年前です。チンパンジーの共通祖先から分かれた七百万年前からの五百万年間は、チンパンジーやゴリラ程度の脳の大きさしか持っていませんでした。容量は五百cc程度です。そのころの集団規模は、五十人未満と考えられます。

現代人の脳の容量は千四百ccと、三倍にまで増大しました。そして、現代人が操作できる最大規模の集団は百五十人。確かに、集団規模も三倍に拡大していると考えられるのですね。

しかし、前述したとおり、六十万年前には脳の大きさは完成されているわけです。集団が大きくなったことが脳の発達を促したことは確かだとしても、言語の成立とはタイムラグがあります。六十万年前にすでに人類は百五十人程度の集団を持っていたならば、本来は、この人数までは人類は言葉を使わずに集団を操作できるのかもしれません。

そして、百五十人以上に集団が膨れ上がったとか、百五十人以上の集団間の付き合いが始まったりしたときに、言葉的なものが生まれたのかもしれません。

言葉とは何か

言葉は非常に便利で、経済的です。目の前で起きている複雑な現象も、言葉に移し替えれば、ある程度までは正確に描写し、人に伝えることができます。

言葉が生まれたのは、自分の経験を他人に伝えたり、また、自分の知らないことを誰かから教わったりする必要が出てきたときでしょう。それは、行動半径が広くなったか、付き合う範囲が広くなった時代だと思われます。

最初に言葉を必要としたのはどんな状況でしょうか。たとえば「五十キロメートル先に獲物がいるぞ」と伝えたいとき。「その獲物はどんな動物で、どういう弱点を持っているのか。何頭いるのか」といった情報を分かち合いたいとき。「あの山の南にある湖の近くに、おいしい果実がたくさん実っている森があるよ」とか「ここの川が増水して渡れない。こっちに回れば渡れるよ」といった情報を、それをまだ知らない人に伝えるためには、言葉が必要ですね。

言葉によってかなえられた表現的なメリットに、比喩《ひゆ》があります。「あいつはキツネのようにずるがしこいやつだ」。こう表現すれば、その人の意地悪さやずるさを具体的に説明しなくてもいい。比喩を使うと、複雑な情報も簡単に伝えられるようになります。

たとえば「あの湖は、人間の顔でいうと口の部分にあたる。山は鼻の部分にあたる。だから、湖に行くには、鼻から口の方角に辿っていけばいい。果実が実っている森は、唇の右端にある」。

こう言えば、相手の頭の中に地図が思い浮かびます。言葉はこういったことを成し遂げました。これまでは別個のものとして認知されていたものを結びつけ、発想の応用力を高めたのです。

言葉の出現以降、人類の情報伝達のスピードは加速しました。以降、人類の社会や文化が発展したのはご存じのとおりです。

第七章 「サル化」する人間社会

人間社会はサル社会になり始めている

人間は、「家族」と「共同体」の二つの集団に所属して暮らしています。これは本来、非常に複雑で不思議な現象だということは前述しました。家族が身内をいちばんに考えるえこひいきの集団であることに対して、共同体は平等あるいは互酬性を基本としており、成立の原理が違うからです。

家族は「子どものためなら」「親のためなら」と多くのことを犠牲にし、見返りも期待せずに奉仕します。血のつながりがあるからとか、自分がおなかを痛めて産んだ子だから、といった理由でえこひいきをするのを喜びとするのです。

一方、コミュニティでは、何かをしてあげれば相手からもしてもらえます。何かをしてもらったら、お返しをしなくてはなりません。それは互酬的な関係で、えこひいきはありません。

人間以外の動物は家族と共同体を両立できませんが、私たち人類は、この二つの集団を上手に使いながら進化してきました。この点こそが、ほかの動物と人間を分ける最大の特徴と言えるということは、これまでの章で述べたとおりです。

人類は共同の子育ての必要性と、食をともにすることによって生まれた分かち合いの精神によって、家族と共同体という二つの集団の両立を成功させました。

人間には、ほかの霊長類とは違って長い子ども期があります。子ども期は二歳ごろから六歳ごろまでの四～五年間を指します。

オランウータンにもゴリラにもチンパンジーにも、子ども期はありません。人間以外の類人猿の赤ちゃんは、母乳を与えられる時期が長く、ゴリラでは三歳ごろまで、チンパンジーは五歳ごろまで、そしてオランウータンはなんと七歳ごろまで母乳で育ちます。そして乳離れをした後はすぐに大人と同じものを食べて生活します。

一方、人間の子どもは、乳離れをした後には「離乳食」が必要な時期がありますね。これは、人間の子どもは六歳にならないと永久歯が生えてこないからです。大人と同じ食生活ができない子ども期には、食の自立ができませんから、上の世代の助けがどうしても必要になる。人間の子育てには、手間も人手もいるんですね。

ですから人類の祖先は、子どもを育てるとき、家族の中に限定しなかったはずです。また、分かち合う食を通じて家族同士のつながりを作ってもいたでしょう。人類は進化の過程の中で家族を生み、共同体を生み出したのです。

しかしながら、現在、家族の崩壊ということがよく言われます。家族という形態が、ひょっとすると現代の社会に合致しなくなってきているのではないか。そんなふうにも思えます。家族は、人間性の要とも言える部分。また、人間社会の根幹をなす集団の単位です。そこに変化が起き始めていることについて、私たちはどう考えればいいのでしょうか。

改めて家族というものを定義してみると、それは「食事をともにするものたち」と言うことができます。どんな動物にとっても、食べることは最重要課題です。いつどこで何を誰とどのように食べるか、ということは非常に重要な問題です。

そして霊長類の場合、なかでも「誰と食べるか」が大事なのです。ともに食べるものをどう選ぶか、その選び方で社会が作られていくからです。

人類の場合は、食を分け合う相手は基本的には家族です。何百万年もの間、人類は家族と食をともにしてきました。家族だから食を分かち合うし、分かち合うから家族なのです。しかし、その習慣は今や崩れかけていると言えます。

ファストフード店やコンビニエンスストアに行けば、いつでも個人で食事がとれてしまいます。家族で食べ物を分かち合わなくても、個人の欲望を満たす手段はいくらでもあります。家族でともに食卓を囲む必要性は薄れ、個人個人がそれぞれ好きなものを好きなときに食べればいい時代になっています。この状態は、人類がこれほどまで進化したことの負の側面とも言えるでしょう。

コミュニケーションとしてあったはずの「共食」の習慣は消え、「個食」にとって代わられつつある。食卓が消えれば、家族は崩壊します。人間性を形づくってきたものは家族なのですから、家族の崩壊は、人間性の喪失だと私は思います。そして、家族が崩壊すれば、家族同士が協力し合う共同体も消滅していかざるを得ません。

もちろん、家族やコミュニティという形態そのものが今すぐに消えてなくなるわけではありません。政治的な単位、あるいは経済的な単位としては、今後も長く残り続けると予想できるからです。

では、家族が崩壊してしまったら、人間はどう変化していくのでしょうか。

そうなれば、人間社会はサル社会にそっくりなかたちに変わっていくでしょう。そしてその変化は、もうすでに始まっていると私は感じています。

サルは所属する集団に愛着を持たない

サルの社会は、個体の欲求を優先します。個体にとっての利益とは、「なるべく栄養価の高いものを食べること」と「安全であること」です。

サルは群れの中で序列を作り、全員でルールに従うことで、個体の利益を最大化しています。自分より強いサルの前では決して食べ物に手を出さないのは、食べ物をめぐるトラブルを未然に防ぐためです。あらかじめ勝ち負けを決めておき、勝ったほうが食べ物を独占するのです。

それでは負けたほうはえらく不利益を被るのではないかと思えるでしょうが、そんなことはありません。サルの食べ物はほとんどが植物で、わりあい手に入りやすいものばかり。だからわざわざ争わないでも、どうにかなる。弱いものにしてみても、食べ物をめぐって無駄に争うよりは、遠慮したほうが結局は得だという知恵があるのです。

これは非常に経済的なシステムです。絶対的な序列の中にいるから、効率がいい。サルが群れているのは、集まっていたほうが得だからにすぎません。その証拠に、サルは群れから一度離れれば、その集団に対する愛着を示すことは一切ありません。

サルとは違って、人間は自分の家族やコミュニティを愛し、縛られて生きていくものです。それが人間のひとつの根源的なアイデンティティだと私は考えています。しかし、家族が崩壊すれば、自分がどの家族の出身であるか、あるいは自分がどのコミュニティに所属するかということを、もはや人はアイデンティティとして必要としないでしょう。

家族というものは確かに、個人にとって足かせとなる存在ではありません。ときには血のつながりが邪魔に思えることもあるでしょう。家族のしがらみが自分の行動を制限し、嫌な思いをすることもあるでしょう。

しかし家族という集団は、足かせと引き換えに、喜びや満足をくれるものでもあります。家族を失った現代の人間は、個人として意思決定を自由にできるようになりつつありますが、それは本当に幸せなのでしょうか。

霊長類の共感力と人間特有の同情心

食べ物を家族で分かち合い、共同体でともに子育てを行うといった行動は、人間の心を進化させ、高い共感能力を芽生えさせました。共感能力とは、自分以外のものの気持ちを理解する力のこと。人間以外にも、ゴリラやサルにも共感能力は見られますが、人間ほどではありません。

一九九〇年代に「ミラーニューロン」というものがイタリアの研究チームによって発見されました。ミラーニューロンとは、鏡のように映し出す神経細胞、という意味です。マカクザルというサルで調べられたのですが、ある行為をしている実験者（人間）を見ているサルの脳の中を見ると、その行為を実際にしている実験者の脳の中で発火しているのと同じところが発火しています。

これはつまり、行為を見ているサルは、行為をしている実験者と同じことをやっている気分になっているということ。見ているだけで、同じことをやっている気分になっているんですね。だから鏡に映るかのように、脳の同じ場所が反応するんです。

この脳の反応は共感能力を意味しています。最近では、機能的核磁気共鳴画像法（ｆＭＲＩ）などを用いて人間の脳にも強力なミラーニューロンが存在することが強く示唆されています。サルに比べて、人にはとても高い共感能力があるということです。

共感能力が発達することで、人間の子どもはほかの類人猿の子どもにはない「憧れる」という能力を持つようになりました。「将来、あんな大人になりたい」「社会で、こんなことをしたい」といった気持ちを持って、人間の子どもたちは成長します。ゴリラの子どもは当たり前のように大人になっていきます。成長の過程で何かになりたいと思うことはないでしょう。

人間の子どもは憧れの対象を見つけ出し、目標を立て、他者に自分を重ね合わせて未来を想像します。すると大人は、子どもにいろいろ教えてやりたくなります。子どもがいろいろ未来に夢をはせるものだから、大人はついついその手伝いをしたくなるのですね。大人たちは育児にかかわり、子どもたちを導いてやる。これが教育です。教育とは子育ての延長ですね。人間の子育ては、ほかの霊長類に比べてますます長くなっていきました。

教育というのは人間ならではのものです。これはとてもお節介な行為で、非常に人間らしいものと言えます。頼まれてもいないし望まれてもいないのに助けにいくというところが人間にはあって、教育はその最たるものなのですね。

ではどうしてそんなにお節介になるかというと、共感力を高めて作り出したシンパシーという心理状態がもとになっている。シンパシー、つまり同情という感情はほかの霊長類には希薄です。人間に特殊な情緒なんです。

同情心とは、相手の気持ちになり痛みを分かち合う心です。この心がなければ、人間社会は作れません。共感以上の同情という感情を手に入れた人間は、次第に「向社会的行動」を起こすようになります。

向社会的行動とは、「相手のために何かをしてあげたい」「他人のために役立つことをしたい」という思いに基づく行動です。人類が食べ物を運び、道具の作り方を仲間に伝えたのも、火をおこして調理を工夫したのも、子どもたちに教育を施し始めたのも、すべて向社会的行動だろうと私は思います。

大昔から人類は家族のために無償で世話を焼き、共同体の中では互いに力を出し合い、助け合っていたのでしょう。認知能力が高まったから、このような思いやりのある社会が作られたというよりは、その逆で、向社会的行動が人類の認知能力を高めたのだと思います。

人間の社会性とは何か

人間の持っている普遍的な社会性というのは、次の三つだと私は考えています。

ひとつは、見返りのない奉仕をすること。これは家族内では当たり前のことですが、そこに留まらないで、見ず知らずの相手や自分とはゆかりのない地域のためにボランティア活動などを行えるのが人間です。

人間は、共感能力を成長期に身につけます。自分を最優先して愛してくれる家族に守られながら「奉仕」の精神を学んでいきます。そんな環境の中で、「誰かに何かをしてあげたい」という気持ちが育っていく。そしてその思いは家族の枠を超えて、共同体に対しても、もっと広い社会に対しても広がっていきます。

二つめは互酬性です。何かを誰かにしてもらったら、必ずお返しする。こちらがしてあげたときには、お返しが来る。これは共同体の維持のためのルールですね。会社などの組織も基本的にはこのルールのもとに成り立っています。また、お金を払ってモノやサービスなどの価値を得るという経済活動が、まさしく人間の互酬性を表しています。

三つめは帰属意識です。自分がどこに所属しているか、という意識を人間は一生、持ち続けます。たとえば私の場合は、山極家の寿一という男で、京都大学で教鞭をとっている。私の帰属意識は山極という家と、京都大学という職場にあります。それがアイデンティティのひとつになる。

逆説的ですが、人間は帰属意識を持っているからこそ、いろんな集団を渡り歩くことができます。集団を行き来する際、常に人間は自分の所属を確認し、それを証明しなくてはいけませんが、それはほかの動物にはできないことです。人間は、帰属意識を持っているからこそ世界中を歩き回ることもできるし、自分自身の行動範囲や考え方を広げていけるのです。人間は相手との差異を認め尊重し合いつつ、きちんと付き合える能力を持っていますが、その基本に帰属意識があると思います。

個人の利益と効率を優先するサル的序列社会

家族も共同体もなくしてしまったら、人間は帰属意識も失います。人間は、互いに協力する必要性も、共感する必要性すらも見出せなくなっていくでしょう。

個人の利益さえ獲得すればいいなら、何かを誰かと分かち合う必要もありません。他人を思いやる必要もありません。遠くで誰かが苦しんでいる事実よりも、手近な享楽を選ぶでしょう。どこかの国の紛争なんて、他人事。自分に関係ないから共感なんてする必要もない。これはまさにサルの社会にほかなりません。

サルの社会に近づくということは、人間が自分の利益のために集団を作るということです。そうなれば、個人の生活は今よりも効率的で自由になります。しかし、他人と気持ちを通じ合わせることはできなくなってしまいます。

もしも本当に人間社会がサル社会のようになってしまったら、どうなるのでしょうか。サル社会は序列で成り立つピラミッド型の社会です。人を負かし自分は勝とうとする社会、とも言い換えられます。そんな社会では、人間の平等意識は崩壊するでしょう。

今、日本ではあえて家族を作らず個人の生活を送る人も増えてきました。家族の束縛から離れて、自由で気ままに暮らそうというわけです。しかしここには見落とされているひとつの危険な事実があります。

それは「人間がひとりで生きることは、平等に生きることには結びつかない」という事実です。家族を失い、個人になってしまったとたん、人間は上下関係をルールとする社会システムの中に組み込まれやすくなってしまうのです。

家族という集団に属していれば、その中で自分の位置は安定します。生殖活動もまた、安定します。人間の家族は男女がペアになり、生殖活動を家族の中の夫婦に限ることで集団における性の葛藤を避けています。

日本では夫ひとりと妻ひとりがペアとなる一夫一婦制がとられていますね。家族の中では夫と妻だけに生殖活動が許されています。裏を返せば、夫と妻は生殖行為に関して保障されています。家族以外の集団にいるほかの男女と、生殖活動に関して競い合う必要がありません。

こういった安定性がひとりの生活にはありません。ひとりで生きる人間は、生殖活動においても競合する社会の中に組み入れられることになります。

また、家族には、家族内の問題を解決し、家族がどんな選択をするのかを決める決定権があります。家族にしか家族のことは決められません。「私には家族がある」「私は家族を持っている」という意識こそが、人間の心の安定の根底にあるものだと思います。

家族をなくして集団原理だけでやっていくことは、優劣を重視したサル社会に移行することだと私は今、思っています。

通信革命と序列社会

インターネットや携帯電話など通信革命が人間社会にもたらした変化は非常に大きなものです。今までの人間とは違う人間を作り出していくほどの衝撃があると思います。近年ではツイッターやフェイスブックといったソーシャル・ネットワーキング・システム（SNS）の出現で人間関係の作られ方やあり方にも変化が訪れました。

電話もインターネットもメールもSNSも、すでに生活の必需品となり、これがなくては生きていけない、という人も多いでしょう。インターネットを通して出会い、実際に対面することなく友達になる、ということも今では普通のことになっているようです。

出会いのきっかけが広がり、これまでなら会えるはずのなかった人とも気軽に会話できるようになりました。共通の趣味なり、何らかの目的なりをきっかけとして、インターネットから始まり連なる人間関係は、これからの社会にどのような影響を与えていくと考えられるのでしょうか。

人間はどんどん自由になるでしょうが、同時にますます孤独になるでしょう。インターネットを通したつながりが、かりそめの安心感を与えてくれることもあるかもしれません。ですが、それは自分を無条件に守ってくれる家族的なつながりとは全く種類の異なるものです。

そして、インターネットなどをきっかけにゆるやかにつながることを目的とする集団は、サル的な序列社会となじみやすいものだと思います。家族に特有の「家族を守るための決定権」が、そういった集団には備わっていない。ということは、何か問題が生じたときに、集団が分裂し、集団より大きな社会が備えている上下関係の論理に組み込まれやすいのです。

すでに述べたように、ゴリラの社会には上下関係や「負け」がありません。喧嘩をしても、負けるものを作らない。誰も負けないで、問題を解決します。誰も勝たない、誰も負けないということは、誰のことも押しのけないということ。優劣をつけるのではなく、全員が対等であることが、ゴリラの社会のルールです。

人類が家族を作り、それを基本の単位として社会を構築してきたのは、人間にもゴリラのような平和主義的、平等主義的な側面が備わっていたからだと思います。

もともとは人間も、ゴリラと同じように負けるものを作らなかったのでしょう。しかし、現代の人間はいつしかゴリラ的な価値観をなくし、サル的勝ち好みの社会に突き進んでいるように私には見えます。

誰も負けない社会は生きやすいけれど、負けないために勝者にならないといけない世の中は生きにくい。現代社会は勝者をたたえる社会になってしまいました。

勝者にならなければいけないかのような意識が、世の中には蔓延《まんえん》しています。そのうえ、勝者は敗者を押しのけるだけではなく、支配する。これは平等意識からは程遠いものです。

平等よりも勝ち負けが優先するサル型の階層社会では、弱いものは常に身を引いて強いものを優先させるので、喧嘩が起きにくい。これは支配するものにとってみれば非常に効率がいいですし、経済的です。

しかし集団があまりにも大きくなりすぎると、今度は収拾がつかなくなりますから、ちょうどよいサイズで収まる必要があります。適当な規模の人数で寄り集まってある程度の安全性を確保しつつ、上下関係の中で衝突を起こさずに、ラクに暮らす。弱いものは弱いまま、強いものは強いまま。

家族が解体した集団本位の社会では、この傾向はいっそう進んでいくはずです。私はこの状況を決して楽観視できません。人間の本性からすると、人間にはサルのような序列社会はふさわしくないと思えるからです。

IT革命によるコミュニケーションの変容

私はいまだに携帯電話も持っていない生活をしているプリミティブな人間です。フェイスブックやツイッターなどのSNSも使いません。そう話すと必ず驚かれてしまいます。そんな状態でよく現代社会でやっていけるなあ、と思われているに違いありません。

私が携帯電話を嫌いなのは、対話という直接的なコミュニケーションが損なわれるからです。面と向かって話しているときにかかってきた電話を優先する人がいますが、優先順位が逆じゃないかと思います。電話の向こうの世界を優先して、こちらの世界にいない、という不在感が強調されます。

つい十数年前までは、直接対面して話すということは非常に重要なことでした。面接や商談は今よりも重視されていたと思います。顔を見て話すことが互いの気持ちを通じさせる、最良の手段だという共通認識があったからです。

サルもゴリラも、人間も、対面する相手を識別する際に「視覚」を使います。聴覚よりも、嗅覚よりも、視覚が大事。ゴリラは顔を近づけて合って挨拶をします。ゴリラは嗅覚が優れていませんが、相手の匂いを嗅ぎに来ているわけではないのです。明らかに見つめ合うために顔を近づけているのですね。相手の顔を見て、相手と一体化した上で相手を操作しようとしているのです。顔で互いの関係を見分けている。つまり、社会のおおもとには視覚があると言えます。

人間もまた、長い間、フェイス・トゥ・フェイスのコミュニケーションを大切にしてきました。人類の七百万年にわたる歴史を振り返れば、言葉が生まれたのはつい最近のことです。

言葉の出現によってコミュニケーションのあり方は大きく変わりましたが、それ以前は顔を合わせて、体によってコミュニケーションをとっていたはず。言葉なしでやっていたころの記憶は、私たちの体に残っていると思います。

読んだり聞いたりした言葉よりも、自分の目で見たことのほうを信じられる気がしたり、相手の心を動かそうとしたときに言葉よりも体を動かしたり、触れたりしたほうが効果があるのは、その時代の名残かもしれません。

言葉は情報を担保しますから、言葉なしに人に何かを伝えることは現代人には難しいのですが、感情的な表現や、全体的なメッセージは言葉なしに伝えられます。その最たるものが音楽です。情報を担保しない音楽は、言葉を超えて多くの人にイメージを伝えます。言葉がわからなくても感動を共有できるのが、音楽を筆頭とする非言語のコミュニケーションなのです。

ところでインターネットの世界で、フェイスブックが世界的に流行していますね。フェイスブックは、個人が写真と実名でアカウントを作成し、友達同士でネットワークを構築していくSNSです。フェイスブックは直訳すれば「顔本」。まさに顔の集積体と言えます。

本来、相手の顔という視覚情報をきちんと確認しながら他人と付き合うのには、移動のコストや時間がかかります。しかし、フェイスブックでなら直接会わないでも、今誰がどこで何をしているのかが把握できる。だから流行しているのです。この現象は、通信手段や映像を使って、仮想的な視覚空間の中で効率重視のネットワークを作り、フェイス・トゥ・フェイスのコミュニケーションを避けようとしているとも言えます。

それと同時に、結局のところ相手の顔を認識しようとしているのであれば、インターネットの中でも人間がやっていることは昔から変わらないとも言えます。仮想空間の中ですら友人の顔を確認するのは、対面でのコミュニケーションへの信頼感を人間が失っていないという証拠と考えてもいいでしょう。

仮想空間での視覚情報には落とし穴もあります。私たち人間は、視覚情報はリアリティが高いと普段思っているけれども、仮想空間ではそれを意図的に作ることもできてしまう。うまく撮れた写真などで演出し続ければ、顔を合わせるよりも自分のイメージをコントロールできてしまいます。実際に面と向かっているときに比べて、嘘をついてしまいやすい環境なのですね。

ＩＴ化によって、対面的なコミュニケーションが失われかけていることは、人間社会に大きな影響を与えます。前述したように、人間の脳が許容できる集団の最大の人数は百五十人程度であり、これをマジックナンバーと言います。この程度の人数なら、人間はそれぞれの顔と性格を覚えていられます。

しかしフェイスブックでは友達の数が四百～五百人という人も珍しくはありません。若い世代ほど友達の数は増え、千人、二千人とつながっている人もいます。果たして、それを人間は受け止めることができるのだろうか？　私には疑問です。

人間は、生身の体をなかなか乗り越えられないものです。生物学的な体と生物学的な心が常に基盤にあり、昔からその部分はあまり変化していません。現在はインターネットが隆盛し、生身ではないコミュニケーションに傾いていますが、どこかで自然回帰的な動きが生じてくるだろうと思います。

私たちは言葉を使い、あるいはインターネット技術を使い、情報交換をしているような気になっていますが、もっとも重要な情報は対面した相手の目を通して得られるはずです。人間は相手の言っていることだけではなく、その態度、顔、表情や目の動きから相手の性格をつかみ、評価をします。

言葉だけではわかり合えないのが人間です。どんなに技術が進歩しようと、私たちは太古より身につけたフェイス・トゥ・フェイスのコミュニケーションを捨て去ることはないでしょう。

山極寿一　やまぎわ　じゅいち

１９５２年東京生まれ。京都大学理学部卒、同大学院理学研究科博士課程修了。理学博士。

カリソケ研究センター客員研究員、（財）日本モンキーセンター・リサーチフェロー、
京都大学霊長類研究所助手、同大学大学院理学研究科教授を経て、２０１４年10月同大学総長に就任。

１９７８年よりアフリカ各地でゴリラの野外研究に従事。

類人猿の行動や生態をもとに初期人類の生活を復元し、人類に特有な社会特徴の由来を探っている。

書著に『家族進化論』（東京大学出版会）、『オトコの進化論』（ちくま新書）、『ゴリラ』（東京大学出版会）、

『暴力はどこからきたか』（ＮＨＫブックス）など。

知のトレッキング叢書

「サル化《か》」する人間社会《にんげんしゃかい》

二〇一四年七月三〇日　第一刷発行
二〇一八年二月一九日　第七刷発行

著　者　山極寿一《やまぎわじゅいち》
発行者　手島裕明
発行所　株式会社集英社インターナショナル
〒一〇一-〇〇六四　東京都千代田区神田猿楽町一-五-一八
電話　〇三-五二一一-二六三〇
発売所　株式会社集英社
〒一〇一-八〇五〇　東京都千代田区一ツ橋二-五-一〇
電話　読者係　〇三-三二三〇-六〇八〇
販売部　〇三-三二三〇-六三九三(書店専用)
印刷所　大日本印刷株式会社
製本所　株式会社ブックアート

ISBN978-4-7976-7276-3 C0040